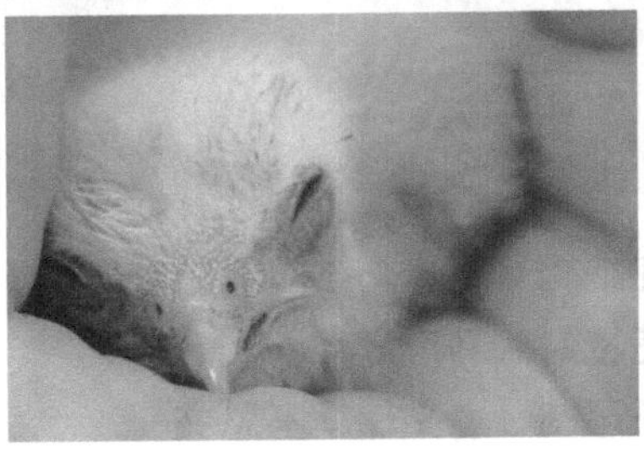

# 养禽与禽病防治

◎毛玉平　王　源　牛骁麟　主编

中国农业科学技术出版社

**图书在版编目（CIP）数据**

养禽与禽病防治 / 毛玉平，王源，牛骁麟主编.
北京 ：中国农业科学技术出版社，2024. 10. -- ISBN
978-7-5116-7114-1

Ⅰ. S83；S858.3

中国国家版本馆 CIP 数据核字第 2024G9P573 号

**责任编辑** 费运巧 刁 毓
**责任校对** 马广洋
**责任印制** 姜义伟 王思文

**出 版 者** 中国农业科学技术出版社
北京市中关村南大街 12 号 邮编：100081
**电 话** （010）82106641（编辑室） （010）82106624（发行部）
（010）82109709（读者服务部）
**网 址** https://castp.caas.cn
**经 销 者** 各地新华书店
**印 刷 者** 中煤（北京）印务有限公司
**开 本** 185 mm × 260 mm 1/16
**印 张** 13.25
**字 数** 297 千字
**版 次** 2024 年 10 月第 1 版 2024 年 10 月第 1 次印刷
**定 价** 66.00 元

# 编委会

**主　编**

毛玉平　王　源　牛骁麟

**副主编**

司晓萍　徐其红　范忠原

**参　编**

郭小会　黎晓磊　张连兄

赵莉媛　毛德虎　王晓宇

# 前言

党的二十大指出，要坚持农业农村优先发展，坚持城乡融合发展，畅通城乡要素流动。加快建设农业强国，扎实推动乡村产业、人才、文化、生态、组织振兴。家禽养殖业是我国畜牧业的基础性产业，是农村经济支柱产业。我国家禽养殖业的发展对于加快现代畜牧业建设，推进农业结构战略性调整，提高人民生活质量和水平，以及增加农民收入都具有十分重要的意义。

近年来，在相关政策的支持下，我国家禽饲养规模整体得到扩大，行业已经进入规模化养殖阶段。数据显示，2016—2023 年我国家禽存栏量和出栏量整体均呈现波动增长态势。2016 年我国家禽存栏量约为 61.7 亿只，出栏量约为 132 亿只；到 2021 年家禽存栏量便增长至 67.9 亿只，出栏量则增长至 157.4 亿只；2023 年 1—12 月全国在产蛋鸡月均存栏为 10.06 亿只，比 2022 年存栏均值 9.46 亿只，增加了 0.60 亿只，同比增幅为 6.34%。可以看出近年来我国家禽养殖业产出规模基本保持上升趋势。

总体来说，目前我国养禽业的发展面临着比较大的挑战，同时也在进行着从高速发展到高质量发展的转型，而且现代化程度不断加深，对人才的培养提出了更高的要求，所以教材改革也应该与时俱进。为了适应新形势下的发展要求，我们结合产业动向，以实践技能为导向编写了新型活页式教材。

本书参考目前家禽生产的新动向、新业态、新技术、新标准，以家禽生产流程为依据，将传统理论讲解的知识进行序化，从家禽品种的识别与选择、种蛋的孵化、蛋鸡生产、肉鸡生产、水禽生产和禽病综合防治等方面将内容分为 6 个项目、27 个任务，包括了家禽生产的主要方面。

与同类教材相比，本书具有以下全新特点和优势：以任务驱动为导向，同时提供多种资源进行自主性操作学习，将思政内容融会其中，并进行全过程评价，能够有效帮助学生在掌握理论知识的基础上深化实践技能。

在本书编写过程中，参考引用了诸多专家和学者的研究成果及资料，在此表示衷心感谢！由于编写组业务水平有限，书中不足之处在所难免，敬请读者批评指正。

编　者

# 目 录

# 项目一 家禽品种的识别与选择

## 项目导读

品种是家禽生产的第一要素，其性能决定了商品生产的效率和最大潜力。现代畜禽生产需要有高产、优质、高效、专门化、规格化的优良品种，其决定了畜禽生产性能的最大潜力，在畜禽生产中占有十分重要的地位，直接影响生产中的经济效益。畜禽品种的发展牵引着养殖业的发展，畜禽品种的改良推动着养殖产品产量和质量的提升，所以品种在畜禽健康养殖中起着非常重要的作用。

要选择合适的优良畜禽品种，需要综合考虑品种的生产性能、抗病能力和对当地环境的适应性等因素。

## 知识目标

①掌握品种的含义。
②了解随着时代发展品种内涵的变化。
③掌握我国高产家禽品种、地方品种及其特性。
④了解国外高产品种及其特性，掌握选择品种时的依据。

## 技能目标

①能够查阅、分析整理家禽品种资料。
②能够识别常见的一些家禽品种。

## 素质目标

①培养学生分析和解决问题的能力。
②能够注重品种保护，建立“种子是农业的芯片”的科学认识。
③能够依据实际情况选择合适的家禽品种。

# 任务一 家禽品种的识别

## 任务导入

地处干旱山区的青海省民和县某乡某村在2017年通过整村易地搬迁摘掉了“穷帽”，为确保群众搬得出、稳得住、能致富，2021年10月，在深入考察的基础上当地建设了5万羽规模蛋鸡养殖场，以“村集体+企业”模式运营，由青海山恩农牧科技有限公司承包经营，每年向村集体交付承包费60万元。2022年8月下旬首批引进2.4万羽蛋鸡，目前累计产蛋150 t，销售额为152.6万元，产出鸡粪240 t，销售额为4.8万元，同时解决当地就业10人。

循化县某村集体看到民和县养鸡情况，经过村党支部组织村民讨论，觉得养鸡有发展前景，可以帮助村集体发家致富，建设美丽乡村。但是，由于该村此前并未有过养鸡经验，甚至连基本的品种都不认识，请制作一份PPT帮助该村集体进行家禽品种的识别，方便他们选择养殖的品种。

## 任务工单

班级:____________ 姓名:____________ 学号:____________

| 任务名称 | 家禽品种识别 |
|---|---|
| 任务描述 | 任务内容：制作关于品种的PPT。<br>任务目的：帮助村民了解家禽的品种。<br>任务流程：首先，调查收集相关信息，对各项信息进行整合；其次，设计制作PPT；最后，设计怎么进行讲解，完成任务。<br>任务方法：利用网络、自媒体平台等查阅和收集资料。 |
| 获取信息 | 要完成任务，需要掌握相关的知识。请收集资料，回答以下问题。<br>1. 品种的概念是什么？<br><br>2. 现代鸡种与以往品种概念有何变化？<br><br>3. 著名的家禽品种有哪些？ |

（续表）

<table>
<tr><td rowspan="2">获取信息</td><td colspan="4">4. 国内自主培育的品种有哪些?</td></tr>
<tr><td colspan="4">5. 市面上常见的品种有哪些?</td></tr>
<tr><td>制订计划</td><td colspan="4"></td></tr>
<tr><td rowspan="6">任务实施</td><td colspan="4">按照预先制订的工作计划，完成本任务，并记录任务实施过程。</td></tr>
<tr><td>序号</td><td>完成的任务</td><td>遇到的问题</td><td>解决办法</td></tr>
<tr><td></td><td></td><td></td><td></td></tr>
<tr><td></td><td></td><td></td><td></td></tr>
<tr><td></td><td></td><td></td><td></td></tr>
<tr><td></td><td></td><td></td><td></td></tr>
</table>

## 任务准备

### 一、知识准备

#### （一）品种的相关概念

品种是畜牧学范畴的概念，指家禽种内经过选育而形成的来源相同、性状一致、经济性能相似、遗传稳定、有一定适应性和足够数量的纯种类群。根据家禽形成的历史背景和用途，一般分为地方品种、标准品种和商业品种（也称商业配套系）。

#### （二）地方品种

地方鸡种是指在某地区长期饲养而形成的品种，这类品种没有明确的育种指标，没有经过有计划的杂交和系统选育。地方鸡种适应性、觅食能力均很强，易管理、肉质好、蛋质优良、鸡味浓郁，有的品种有滋补保健价值。但生产性能偏低，抱性强、产蛋少、出肉率低、不适应工厂化养殖。我国地方品种资源丰富，目前列入《中国家禽品种志》的鸡的地方品种有25个。我国部分优良地方鸡品种介绍如下。

1. 北京油鸡

兼用型地方品种，原产于北京市。其体躯中等，羽色呈赤褐色或黄色，其中赤褐色的鸡体形较小，单冠，冠叶小而薄，冠叶前段常褶曲成小的S状。其特有的外貌常被称为“三羽”（凤头、毛脚和胡须），冠羽大而蓬松，常将眼的视野遮住。有胫羽，有些个体兼有趾羽，约70%的个体有髯羽。具有髯羽的个体，其肉垂很小或没有。冠、肉髯呈红色，耳叶呈浅红色，胫呈黄色，少数个体有五趾。成年公鸡平均体重为2.2 kg，母鸡平均体重为2.0 kg。开产日龄152 d，年产蛋145枚，平均蛋重53.7 g。母鸡就巢率约7%。

2. 仙居鸡

蛋用型品种，原产于浙江省仙居县、临海市、天台县等地。体形紧凑，有黄、黑、白3种羽色，以黄色多见。黄羽型羽毛紧密，背平直，骨骼细致，头大小适中，喙黄色或青色。单冠，肉髯薄，中等大小，肉髯、耳叶为椭圆形，均呈红色。皮肤呈白色或浅黄色。胫以黄色为主，少数为青色，仅少数有胫羽。成年公鸡平均体重1.7 kg，母鸡平均体重1.3 kg。开产日龄145 d，年产蛋160~180枚，高产的鸡达200枚以上，蛋重44 g左右，蛋壳以浅褐色为主。就巢母鸡一般占鸡群的10%~20%。

3. 东乡绿壳蛋鸡

蛋肉兼用型品种，原产于江西省东乡区。羽毛黑色，单冠直立，喙、冠、皮、肉、骨、胫、趾多呈乌黑色。公鸡冠呈暗紫色，肉髯长而薄，母鸡头清秀，羽毛紧凑。成年公鸡平均体重1.7 kg，母鸡平均体重1.4 kg。开产日龄170~180 d，年产蛋152枚，平均蛋重48 g，蛋壳呈浅绿色。母鸡就巢率为5%。

4. 白耳黄鸡

蛋用型品种，原产于江西省广丰区。体形较小，后躯宽大，全身羽毛黄色，大镰羽不发达，呈黑色并有绿色光泽，小镰羽呈橘红色。喙略弯，呈黄色或灰黄色，部分上喙端部呈褐色，单冠直立，冠齿4~6个，呈红色。肉髯呈红色。耳叶呈银白色，耳垂大，似白桃花瓣。皮肤和胫部呈黄色，无胫羽。其典型特征为“三黄一白”，即黄羽、黄喙、黄脚、白耳。成年公鸡平均体重1.42 kg，母鸡平均体重1.17 kg。初产日龄为152 d，年产蛋量190枚，平均蛋重55 g，蛋壳为深褐色。母鸡就巢性弱，就巢率约15.4%。

5. 固始鸡

蛋肉兼用型地方品种，原产于河南省固始县。体形中等，羽毛丰满，尾型分为“佛手尾”和“直尾型”2种。单冠直立，冠齿6个左右，部分冠后缘有分叉。冠、肉髯、耳垂均呈红色。皮肤多呈白色，少数为黑色。喙短呈青黄色，胫、趾呈青色。成年公鸡平均体重2.3 kg，母鸡平均体重1.8 kg。开产日龄170 d，年产蛋量163枚，平均蛋重52 g，蛋壳棕褐色。散养情况下，大部分鸡有就巢性；集约化饲养条件下，部分鸡有就巢性。

6. 寿光鸡

蛋肉兼用型地方品种，原产于山东省寿光市稻田镇一带。体形高大，骨骼粗壮，胸部发达，背宽、平直。全身黑羽有光泽，颈、背、前胸、鞍等部位呈深黑色并有绿色光泽，其他部位羽毛颜色略淡，呈灰黑色。喙略弯，呈黑色或灰尖为灰白色。单冠，冠、肉髯、耳叶均呈红色。皮肤呈白色。胫趾呈黑色。成年公鸡平均体重 3.3 kg，母鸡平均体重 2.8 kg，开产日龄 190 d，年产蛋 142 枚，平均蛋重 65 g，蛋壳为红褐色。母鸡就巢性弱，就巢率约 0.89%。

7. 清远麻鸡

肉用型地方品种，原产于广东省清远市。特征可概括为“一楔、二细、三麻身”。“一楔”指母鸡体形像楔形，前躯紧凑，后躯圆大；“二细”指头细、脚细；“三麻身”指母鸡背羽有麻黄、褐麻、棕麻 3 种颜色。喙呈黄色。单冠直立，冠齿有 5~6 个，呈红色，肉髯呈红色，胫、皮肤均呈黄色。公鸡颈、背部的羽毛呈金黄色，胸羽、腹羽、尾羽及主翼羽呈黑色，肩羽呈枣红色。成年公鸡平均体重 2.2 kg，母鸡平均体重 1.8 kg、开产日龄 161 d，年产蛋 105 枚，平均蛋重 47 g，蛋壳浅褐色。母鸡就巢率约 3%。

8. 浦东鸡

原产于上海市黄浦江以东地区的肉用型鸡，以体大、肉多、皮下脂肪丰满而著称。体形接近方形，骨粗脚高，体躯硕大，羽毛疏松。母鸡羽毛多为黄色、麻黄色或麻褐色，公鸡多为金黄色或红棕色。主翼羽和尾羽黄色带黑色纹。单冠，喙、脚为黄色或褐色，皮肤黄色。7~8 月龄开产，年产蛋 120~150 枚，蛋重 55~60 g，蛋壳红褐色。成年公鸡体重 4.0~4.5 kg，母鸡体重 2.5~3.0 kg。3 月龄体重可达 1.25 kg，与科尼什鸡或白洛克公鸡杂交生产商品肉鸡效果好。

**（三）标准品种**

鸡的标准品种也称纯种，根据家禽育种组织制定的家禽品种标准选育，且其品种外貌特征和生产性能可稳定遗传给后代。标准品种的分类方法把标准品种分为类、型、品种和品变种。列为世界标准品种的鸡有 200 多种，我国列为标准品种的有九斤黄鸡、狼山鸡、丝毛鸡等。这些标准品种都具有优良的遗传基因，在现代鸡种的培育上发挥重要作用。标准品种的代表品种主要有来航鸡、浅花苏赛斯鸡、科尼什鸡、横斑洛克鸡、澳洲黑鸡等。鸡的部分主要标准品种介绍如下。

1. 白来航鸡

白来航鸡原产于意大利。主要是单冠白来航鸡，属轻型白壳蛋鸡的优秀品种。性成熟早，产蛋量高（200 枚左右），蛋壳白色，无就巢性。胆小易受惊吓，抗应激能力较差。

2. 洛岛红鸡

洛岛红鸡产于美国洛德岛州。体形中等，羽深红色，适应性强，产蛋量高（160~170 枚），蛋重，蛋壳褐色，目前广泛用作褐壳蛋鸡配套系的父系，主要利用其特有的伴性金色羽基因（*s*）。

3. 新汉夏鸡

新汉夏鸡育成于美国新汉夏州。由洛岛红鸡改良选育而成。属于兼用型品种，在现代主要用于褐壳蛋鸡育种或有色羽肉鸡育种。

4. 横斑洛克鸡

横斑洛克鸡也称芦花鸡，单冠，属于兼用型。育成于美国。全身羽毛呈黑白相间的横斑，此特征受一伴性显性基因控制，杂交繁育时可实现雏鸡自别雌雄。

5. 白洛克鸡

白洛克鸡育成于美国。与横斑洛克鸡同属洛克品种。在现代鸡种中作为蛋鸡（褐壳蛋鸡）、肉鸡配套系的母本。主要为隐性白羽。

6. 白科尼什鸡

白科尼什鸡原产于英国，豆冠，著名的肉鸡品种，主要为隐性白羽。目前主要与母系白洛克配套生产肉仔鸡。

7. 澳洲黑鸡

澳洲黑鸡全身羽毛黑色而富有光泽，喙、胫、趾均呈黑色，脚底呈白色。母鸡6月龄开产，平均年产蛋量160枚，蛋重约60 g，蛋壳褐色。略有就巢性。成年公鸡体重3.75 kg左右，成年母鸡体重2.5~3.0 kg。

**（四）现代鸡种**

现代鸡种（或配套系）是在标准品种（或地方品种）的基础上采用现代育种方法培育的具有不同特点的高产专门化品系，再经品系杂交，筛选出的配合力最佳、综合性能最优的杂交配套组合，亦称商业品种。绝大多数现代品种以公司名称、编号命名，使品种商品化，均为杂交配套系，不能复制。具有优良的产蛋和产肉性能，有的还能自别雌雄或抗某种疾病，生命力强，生产性能整齐一致，适合规模化养殖。现代鸡种分类如下。

1. 蛋鸡系

蛋鸡系有白壳蛋鸡、褐壳蛋鸡、粉壳蛋鸡、绿壳蛋鸡。蛋鸡主要品种有如下几种。

（1）伊莎褐鸡：从法国伊莎育种公司引进的褐壳蛋鸡，其父母代生产性能为76周龄入舍，母鸡产蛋量292枚，22周龄达5%产蛋率，24周龄达50%产蛋率，高峰期产蛋率达92%，74周龄产蛋率66%，平均蛋重65 g，成活率93%。

（2）海兰褐壳蛋鸡：商品代鸡饲养年产蛋量310~330枚，成活率91%~95%，150~160日龄达50%产蛋率，高峰期产蛋率为91%~96%，72周龄平均蛋重66.8 g，74周龄平均体重2.2 kg。

（3）北京白鸡：北京农业大学（现中国农业大学）育成的优良白壳蛋鸡。商品代鸡年产蛋量260~280枚，蛋重58~62 g，产蛋高峰期产蛋率达90%~92%，育成期的成活率96%~98%，产蛋率为92%~94%。

（4）海赛克斯鸡：可以根据颜色区别雌雄，雏鸡出壳时，母雏中全部为棕红色的占90%，全身棕色为主但背部有白色条纹者占8%，全身白色为主，但是头为红色或棕色者占2%；公雏中全部黄色者占90%，全身白色但背部呈棕色条纹者占8%；全身白色但背部有4条棕色窄纹占2%。商品蛋鸡入舍母鸡年产蛋299枚左右，平均蛋重63.2 g，料蛋比2.39：1，产蛋期末体重2.25 kg左右。

2. 肉鸡系

肉鸡系分白羽肉鸡、红羽肉鸡。我国肉鸡以白羽肉鸡为主，其主要代表品种如下。

（1）艾维茵肉鸡：为美国艾维茵国际家禽育种公司（以下简称美国艾维茵公司）培育的白色肉用鸡。1985 年中国北京市大发畜产公司、美国艾维茵公司、泰国正大集团联合投资兴建北京家禽育种公司，对该品种鸡做进一步选育提高工作。据资料介绍，该品种商品鸡的生产性能为 8 周龄全群平均体重 2.457 kg，料肉比 2.12∶1。

（2）爱拔益加肉鸡：为美国爱拔益加育种公司培育的四系配套白羽肉鸡，其商品代鸡生产性能 8 周龄达 2.99 kg，料肉比 2.09∶1，生长速度快，饲料利用率高，经济效益相对较好。

（3）明星肉鸡：为法国伊莎育种公司培育的白羽肉鸡商品代鸡生长快，饲料报酬高，8 周龄体重 2.34 kg，料肉比为 2.1∶1。

（4）其他肉鸡品种还有英国罗斯肉鸡、荷兰海布罗肉鸡、加拿大星布罗肉鸡等。代鸡种（或配套系）是在标准品种（或地方品种）的基础上采用现代育种方法培育的具有不同特点的高产专门化品系，再经品系杂交，筛选出配合力最佳、综合性能最优的杂交配套组合，亦称商业品种。标准品种是经验育种阶段的产物，强调的是品种特征、外形；而现代鸡种是现代育种的结晶，关注的是经济效益，是对标准品种的继承和发展。

**（五）国产现代鸡种**

2021 年 12 月 3 日，农业农村部公布了“圣泽 901”“广明 2 号”与“沃德 188”3 个首批通过审定的白羽肉鸡新品种。

这 3 个品种具有体形大、生产速度快等优势，适合商业化养殖。

这代表着在国人的餐桌上终于有了自己的白羽肉鸡，国外白羽肉鸡品种 40 年来对我国 100% 的市场垄断终于被打破。

## 二、材料准备

（1）搜集青海省民和县养鸡场的基本情况，对青海山恩农牧科技有限公司在青海省民和县养鸡情况进行调查，包括规模、养殖情况、养殖品种，为后面循化县村民养鸡作参考。

（2）收集著名品种的相关资料，调查世界上著名的品种及其生产性能。

（3）收集国产高产品种的相关资料，调查我国现有的地方品种资源及其生产性能。

## 三、人员准备

人员分组，每组 5 人，明确职责分工（表 1–1）。

**表1–1 人员分工表**

| 任务角色 | 任务内容 |
| --- | --- |
| 组长： | 任务： |
| 组员 1： | 任务： |
| 组员 2： | 任务： |
| 组员 3： | 任务： |
| 组员 4： | 任务： |

## 任务筹划

**（一）内容筹划**

明确要调查的项目，确定要重点调查的品种，以及其品种特性、市场价格、市场占有率等。

**（二）方法筹划**

认真思考如何才能获取更好的信息，通过哪些渠道获取信息资料，并对这些资料进行加工编纂，形成可供村民选择的方案。

**（三）流程筹划**

第一步：深入了解品种概念及其发展。

第二步：调查青海山恩农牧科技有限公司在青海省民和县养鸡情况。

第三步：调查市面上常见鸡品种的情况。

第四步：为循化县村民提供相关建议。

## 任务实施

步骤一：

步骤二：

步骤三：

步骤四：

任务总结：

## 任务检测

请扫描二维码答题。

## 任务评价

根据任务完成情况，对展示成果做出评价（表 1–2）。

**表1–2　工作任务完成过程评价表**

班级：＿＿＿＿＿＿＿＿　组别：＿＿＿＿＿＿＿＿　姓名：＿＿＿＿＿＿＿＿

| 项目 | 评分标准 | 分值 | 自我评价 | 小组评价 | 教师评价 |
|---|---|---|---|---|---|
| 内容评价 | 1. 体现品种的背景 | 15 | | | |
| | 2. 体现著名品种及其特点 | 20 | | | |
| | 3. 体现市场上的常见品种 | 15 | | | |
| 技能评价 | 1. 能够识别并讲解主要品种 | 15 | | | |
| | 2. 相关信息的收集 | 5 | | | |
| | 3. 对于信息的整合和分析 | 5 | | | |
| | 4. PPT 内容表述简洁明确，重点突出 | 15 | | | |
| 思政评价 | 1. 能从全局上筹划相关事项或行动的具体安排 | 5 | | | |
| | 2. 能够细致认真地分析资料 | 5 | | | |
| 合计 | | 100 | | | |
| 自我评价与总结 | | | | | |
| 教师点评 | | | | | |

**课程思政专栏**

## 种业振兴时丨看“广明2号”如何打破国外垄断——白羽肉鸡新品种诞生记

近30年来，我国禽肉消费增长迅速，鸡肉已成为仅次于猪肉的第二大肉类消费品。其中，白羽鸡肉占我国鸡肉总量的比例一半还多。但白羽肉鸡种源自2004年以来全部通过国外引进，已经成为威胁肉鸡产业持续健康发展的隐患，对我国种业安全、畜禽产业安全和生物安全造成严重威胁。

2021年年底，农业农村部网站发布消息，我国自主育种的“广明2号”等首批3个白羽肉鸡新品种通过审定。从此我国打破国外垄断，实现“吃鸡自由”！

### “十年磨一剑”：攻坚克难自主育种

“畜禽育种是个相当复杂的系统工程，周期长，投入大，见效慢。”中国农业科学院北京畜牧兽医研究所（以下简称牧医所）副所长文杰说，“欧美国家白羽肉鸡发展已有100多年历史，这些跨国集团具备资本优势和育种创新能力，有成熟的商业运作机制，已经形成全球垄断态势。”

面对极其强大的国际竞争对手，中国农业科学院北京畜牧兽医研究所于2009年就着手白羽肉鸡关键技术的研发储备。巧的是，广东省佛山市高明区新广农牧有限公司（以下简称新广农牧）于2010年尝试白羽肉鸡育种，成为国内第一个“吃螃蟹”的公司。双方一拍即合，于2014年携手开启白羽肉鸡自主育种之路，全力推进种源关键核心技术攻关。

与此同时，国家对白羽肉鸡愈加重视，加大研发支持力度。2014年，农业农村部出台《全国肉鸡遗传改良计划（2014—2025）》，明确提出到2025年，育成2~3个达到同期国际先进水平的白羽肉鸡新品种。2019年，农业农村部首批启动7个畜禽良种国家联合攻关项目，其中就包括白羽肉鸡2个项目（新广农牧牵头其一）；中国农业科学院将白羽肉鸡育种列入“十四五”重点任务清单，在农业科技创新工程中设立“白羽肉鸡育种”重大科研任务，在技术研发经费、人才培养等方面持续支持。

敢于叫板，迎接挑战。2017年，牧医所首创“京芯一号”育种芯片，显著加快了白羽肉鸡育种进展，提高了饲料报酬、产肉率和繁殖性能。2019年8月，白羽肉鸡配套系“广明1号”“广明2号”父母代种蛋送达国家家禽生产性能测定站进行生产性能测定。经过中试试验发现，“广明2号”白羽肉鸡配套系42日龄出栏体重达到2.8 kg，料重比1.65以下，胸肌率达到24%，具有生长速度快、饲料报酬高的优良特性，主要生产性能与国际同类品种持平。

“这是我们积极贯彻落实国家《种业振兴行动方案》取得的标志性成果，意义十分重大。”中国农业科学院党组书记张合成在“广明2号”新闻发布会上说。

## 成功密码：科企协作、大胆创新

“‘广明 2 号’的成功选育，一个关键因素是科企深度融合，推动产业链、创新链、资金链、人才链贯通。”文杰说。在合作之初，牧医所与新广农牧签订合作协议，明确牧医所发挥科技、资源和人才优势，新广农牧发挥资金、条件和产业优势，约定最终育种成果双方共有，品种经营开发权归企业。这样一来就形成了以企业为主体、产学研用高度融合的商业化育种模式。

一方面，牧医所育种新技术成果可以第一时间在白羽肉鸡育种中应用。如 2017 年，牧医所自主研发的基因组选择育种技术就率先为自主育种提供关键技术支撑；2020 年，牧医所抗病育种技术专利转让给新广农牧，落实了《中华人民共和国促进科技成果转化法》科技成果转化股权的激励机制。

另一方面，牧医所常年选派 5~8 名技术骨干和研究生进驻企业育种基地工作，弥补企业科技人才力量不足的短板，同时合作培养出一批“把论文写在大地上”的家禽种业科技人才。

“广明 2 号”成功的另一个关键因素是大胆创新。在“广明 2 号”纯系的世代选育中，要进行生长、繁殖、产肉、肉品质和抗病性能五大类近 60 个指标的测定。培育过程中先后应用了文杰团队自主研发的 10 余项新技术。基于“京芯一号”基因芯片，大幅提升饲料报酬和产蛋性能的遗传进展。

“我们广泛使用了 B 超仪测定鸡的胸肌重，使用 X 射线机给鸡做腿骨强度检测。”文杰介绍，“建立育种数据管理云平台，可实现自动表型收集和整理、系谱整理和育种值评估，极大提高了遗传选择的准确性和效率。”

## 多产“中国蛋”：加快产业化应用步伐

“广明 2 号”育种成功，好比万里长征迈开了第一步。但与有百年积淀的国际大公司相比，我国白羽肉鸡自主育种时间短，高生产性能遗传素材积累基础薄弱，种源性疫病净化技术和检测产品研发还存在较大差距。

2022 年，牧医所与新广农牧再签署了之后 10 年白羽肉鸡育种的科企深度融合发展合作协议。两家将建立完善良种繁育体系，开展全产业链布局合作，努力打造国际一流水平的白羽肉鸡商业化育种技术平台。利用前沿育种技术，对生产性能进行持续选育，在提升肉鸡饲料报酬、成活率、肉品质的同时，重点对新品种抗病和抗逆性进行选择，提高新品种的生产性能和市场竞争力。

新品种的成功培育和审定通过，不是终点，而是新的起点。中国农业科学院已成立“白羽肉鸡研究中心”，将继续加大支持力度，持续推进育种攻关。未来 5 年，“广明 2 号”计划推广祖代 20 万套、父母代 2 000 万套、市场占有率力争达到 10%。到 2035 年，与其他国产品种一起，共同实现国家明确的自主培育白羽肉鸡新品种市场占有率达到 60% 以上的目标。全国畜牧总站站长王宗礼说：“白羽肉鸡不仅要从无到有，还要从有到强。要继续大力支持民族种业发展，多用中国种、多产中国蛋，把肉蛋奶的盘子牢牢端在自己手中。”

2021年12月8日，一场新品种发布会在北京市和广东省联合召开，会上正式发布了我国自主培育的白羽肉鸡新品种“广明2号”。“广明2号”适合生产分割鸡肉，方便制作快餐、团餐及深加工制品，打破了长期以来祖代鸡一直被国外垄断的局面。“广明2号”等首批白羽肉鸡新品种的育成，实现了国产白羽肉鸡从无到有的新突破。

（来源：“农村工作通讯”微信公众号）

**【启示】**良种一粒重千钧，种业是农业的“芯片”，是国家战略性、基础性核心产业。党中央、国务院高度重视种业发展，党的二十大报告提出“深入实施种业振兴行动”。2024年是种业振兴行动“五年见成效”的关键之年，加快推进种业振兴对保障国家粮食安全具有重要战略意义。我国作为农业大国和人口大国，种源自主可控关乎一个国家的核心利益，振兴种业是应对大变局、保障国家安全的重要举措。

# 任务二　家禽品种的选择

## 任务导入

在农村，很多人靠养殖发家致富，在养殖前需要清楚家禽的特点，对不同品种要有深入的了解，如养殖成本、利润、销路等，如果了解不到位，存在很大失败的风险，容易造成经济损失。那么，有农户咨询养什么品种的鸡最好？养什么鸡容易赚钱？

请分析家禽选择的方法并绘制思维导图，帮助农户进行家禽的选择，方便他们选择出优质的鸡种。

## 任务工单

班级：________　姓名：________　学号：________

| **任务名称** | 家禽的选择 |
|---|---|
| **任务描述** | 任务内容：家禽的选择方法。<br>任务目的：通过了解家禽选择的方法，能够根据不同的性状选择出优良的品种。<br>任务流程：首先，明确家禽选择的方法有哪些；其次，充分掌握各方法的实际应用领域，并绘制简洁明了的思维导图。<br>任务方法：了解家禽选择方法的种类及概念，能够选择出合适的养殖品种。 |

（续表）

<table>
<tr><td>获取信息</td><td colspan="4">要完成任务，需要掌握相关的知识。请收集资料，回答以下问题。<br>1. 家禽的选择方法有哪些？<br>2. 家系选择法有哪些？<br>3. 个体选择有哪些？<br>4. 基因型选择有哪些？<br>5. 表型选择有哪些？</td></tr>
<tr><td>制订计划</td><td colspan="4"></td></tr>
<tr><td rowspan="6">任务实施</td><td colspan="4">按照预先制订的工作计划，完成本任务，并记录任务实施过程。</td></tr>
<tr><td>序号</td><td>完成的任务</td><td>遇到的问题</td><td>解决办法</td></tr>
<tr><td></td><td></td><td></td><td></td></tr>
<tr><td></td><td></td><td></td><td></td></tr>
<tr><td></td><td></td><td></td><td></td></tr>
<tr><td></td><td></td><td></td><td></td></tr>
</table>

## 任务准备

### 一、知识准备

#### （一）家系选择

家系选择是根据家系的表型值进行选择。家系选择是现代家禽育种中广泛采用的一种方法，适应于遗传力低但又有很重要的经济性状的选择，例如产蛋量、受精率和生命力等。家系选择并不以个体表型的大小为依据，而是以家系表型均值的大小为依据，以家系为单位进行选择。

第一年：利用母鸡和公鸡，采用同雌异雄轮配 1 次。测定当年后代的生长发育，开产到 12 月底的产蛋量、蛋重。采用全同胞和半同胞的平均值初步鉴定第一年种公、母鸡的优劣，将比较优秀的亲本公、母鸡选出，为零世代。

第二年：1 世代母鸡到了秋季已完成一个产蛋年，则按全年成绩进行亲本母鸡的后裔鉴定，选出合格的优秀公、母鸡称为第一年鉴定种公、母鸡。

第三年、第四年：根据鉴定和复鉴定种公、母鸡编制优秀配种组合，鉴定出优秀的有一定特点的家系，于第五年封闭繁殖，继续选优去劣，即成为新品系。

利用家系选择方法进行地方鸡育种，可建立生产性能良好的地方良种鸡新品系。其主要内容是先形成优良家系，然后封闭，进一步繁殖选育。育种实践中，个体选择和家系选择应结合进行。在优秀家系中，选择其中表现良好的个体做种鸡，可取得更好的效果。

### （二）个体选择

个体选择是指依据个体表现进行的选择。个体选择是育种实践中广泛采用的一种方法。它适合于质量性状和遗传力中等以上数量性状的选择。个体选择可以有效地改进体重、蛋重、蛋壳、羽毛生长速度和早熟性，是地方良种鸡育种实践中常用的方法之一。

1. 根据地方良种鸡的产蛋性能

根据地方良种鸡的产蛋性能选高产母鸡时要掌握以下几点。

（1）产蛋多，主要统计 35 周龄以前的产蛋数。

（2）蛋重适中，30 周龄平均蛋重为 50 g 左右。

（3）成熟早，蛋用鸡成熟期要求在 5 个多月，将近 6 个月。

（4）就巢性弱或无，高产母鸡一般不爱就巢，即使就巢，醒窝也快。

此外，繁殖力强，活泼好动，觅食力强，耐粗饲，性情温驯等都是高产母鸡所具有的特性。

2. 根据换羽情况

根据换羽情况选高产母鸡，第二年的母鸡可以根据自然换羽情况进行选择。在夏末或初秋开始换羽，而且换羽持续时间长的多为低产母鸡，高产母鸡在秋末冬初才换羽，换羽持续时间短。

3. 选择地方种公鸡的标准

种公鸡对后代的影响比母鸡大，因此更应该注意选择。选择的标准：体形高大，胸背丰满，尾羽翘起，活泼好动；羽毛丰满，有光泽冠大且红，手摸有温暖感；性欲旺盛。

### （三）基因型选择

现代基因型选择是以表型选择为基础，根据被选个体的祖先、同胞、后裔和个体本身的遗传性能表现进行选择。

1. 质量性状的选择

质量性状的基因型选择比较容易，利用孟德尔定律来进行遗传分析。例如丝毛性状的选择，丝毛性状由一对隐性基因控制，正常羽肉鸡与丝毛乌骨鸡杂交 $F_1$ 代全部为正常羽，$F_2$代中出现的丝毛个体则为隐性纯合体，选择隐性个体纯繁可获得快长型丝毛鸡。而显性基因选择比较困难，因为显性纯合体和显性杂合体的表型往往相同。因此，除根据表型淘汰隐性个体外，还可应用测交淘汰杂合体。

2. 数量性状的选择

数量性状的选择比较复杂。任何一个数量性状的表型值都是遗传和环境共同作用的结果。一般我们把遗传效应分为加性效应、显性效应和互作效应。加性效应即为性状的育种值，可真实地遗传给后代。显性效应和互作效应虽然也受基因控制，但不能真实地遗传给后代，育种过程中不能固定，对育种工作意义不大。

**（四）表型选择**

表型选择是根据鸡的外貌特征、生理特征和生产性能记录等进行选择。育种实践中，快慢羽可进行表型选择，雏鸡出壳后第一天，根据主翼羽和覆主翼羽的长短选择出快羽慢羽，并分别组群繁殖，在以后各代中逐步选择淘汰慢羽群中的快羽，或经过测交淘汰慢羽群中杂合公雏。地方鸡的目标性状及其发育程度的选择在30日龄左右进行，选择鸡冠发育快、红润的个体留种。此外，绿壳蛋、产蛋性能与生长速度等性状的选择均可采用表型选择。

1. 偏肉用型地方种鸡的选种要求

肉用型地方良种鸡的体形结构、外貌特征要符合品种要求，如结构匀称，体质结实，生长发育健全，觅食力强。眼大有神，耳叶丰满，冠和肉垂鲜红、发达、毛孔细；胸宽而深且向前突出，胸肌发达；体躯长、宽且深，腿部粗壮有力，腿肌发达，胫部粗；爪直，羽毛丰满。另外，公鸡要求姿势雄健而挺立，母鸡要求性情温顺，行动活泼。肉用地方鸡在产肉性能方面要求早期生长速度快，各期体重符合品种要求；屠宰率高，肉质好；胸部肌肉发达，肌纤维细，拉力小；饲料转化率高。

2. 偏蛋用地方种鸡的选种要求

蛋用种鸡要求体形、外貌符合品种要求，如羽毛、皮肤、耳叶、胫的颜色及冠形符合品种特征，结构匀称，发育正常，健康无病，活泼好动，体形小，觅食性强；头清秀、眼大有神，喙短粗而弯曲，冠和肉垂发达鲜红、柔软而温暖，耳叶丰满；体躯长，腹大柔软有弹性。成年产蛋鸡泄殖腔口大而呈椭圆形、内侧湿润；两趾骨末端薄而有弹性，胫长短适中、距离较宽。另外，种用公鸡要求胸宽、深并向前突出，背不过长而且较宽，姿势雄壮，羽毛丰满，勤于交配。蛋用种鸡产蛋性能要求为产蛋量高，性成熟早，产蛋持久性优良，就巢性弱或无就巢性，体重较小，蛋品质好，蛋重适中。另外，种鸡要求抗病力强，成活率高，繁殖性能优良，受精率高，孵化率高。

## 二、材料准备

（1）收集当地养鸡场的基本情况，根据当地养殖企业情况，收集选择品种时需要考虑哪些因素，为后面农户养鸡作参考。

（2）收集家禽选择的相关资料，收集家禽选择常用的指标、常用的方法及其优缺点。

（3）收集家禽选择及其应用的相关资料，收集不同选择方法如何应用于不同的选择领域。

## 三、人员准备

人员分组，每组 5 人，明确职责分工（表 1–3）。

**表1–3 人员分工表**

| 任务角色 | 任务内容 |
|---|---|
| 组长： | 任务： |
| 组员 1： | 任务： |
| 组员 2： | 任务： |
| 组员 3： | 任务： |
| 组员 4： | 任务： |

## 任务筹划

**（一）内容筹划**

明确调查目的，确定要重点调查的内容，如产量、适应性、当地市场需求等。

**（二）方法筹划**

思考如何才能获取更多有效的信息，并对这些资料进行加工编纂，形成可供养殖农户选择的方案。

**（三）流程筹划**

第一步：深入了解家禽选择的意义。

第二步：调查当地养鸡企业养殖品种的选择主要考虑哪些因素。

第三步：调查当地养殖户种鸡的来源情况。

第四步：为养殖农户提供相关建议。

## 任务实施

步骤一：

步骤二：

步骤三：

步骤四：

任务总结：

## 任务检测

请扫描二维码答题。

## 任务评价

根据任务完成情况，对展示成果做出评价（表 1-4）。

**表1-4　工作任务完成过程评价表**

班级：＿＿＿＿＿＿＿　组别：＿＿＿＿＿＿＿　姓名：＿＿＿＿＿＿＿

| 项目 | 评分标准 | 分值 | 自我评价 | 小组评价 | 教师评价 |
|---|---|---|---|---|---|
| 内容评价 | 1. 体现家禽的选择方法 | 10 | | | |
| | 2. 体现家禽的选择方法的应用 | 20 | | | |
| | 3. 体现各方法的优缺点 | 15 | | | |
| 技能评价 | 1. 能够选择出合适的选择方法 | 15 | | | |
| | 2. 关于家禽选择信息的收集 | 5 | | | |
| | 3. 对于收集信息的整合和分析 | 5 | | | |
| | 4. 思维导图整体布局合理，核心主题明确、突出，文字书写工整简洁 | 15 | | | |
| 思政评价 | 1. 能认知到事物的多样性，扎实本领，服务农牧区与农牧民 | 10 | | | |
| | 2. 能够自主探索，了解市场行情，以产业发展为导向 | 5 | | | |
| 合计 | | 100 | | | |

（续表）

| 自我评价与总结 | |
|---|---|
| 教师点评 | |

课程思政专栏

## 山乡“飞”出“金凤凰”——保良种促繁育壮大海东鸡养殖产业

互助县雪岭海东鸡良种繁育场位于互助县松多乡马营村，自2014年登记注册挂牌成立以来，在互助县农业农村局和科技局的大力支持下，在互助县畜牧兽医站的精心指导下，为互助县海东鸡的选育、提纯、保种、繁育及推广等工作作出了积极的贡献。

进入雪岭海东鸡良种繁育场，一排排一栋栋养殖禽舍映入眼帘，在室内孵化出壳的小鸡叽叽喳喳，技术负责人还拿着孵化的鸡蛋用手机、电灯查看着壳内鸡变化情况；在养殖产蛋棚内，整齐的现代化鸡栏一层层一排排摆放其中，鸡鸣声不断，还时不时看见产下的蛋滚落于产蛋栏内，仿佛在进行产蛋比赛；在山坡上成群的土鸡争着觅食，吃着草和虫子。

据繁育场负责人介绍，自建场以来，加强了技术和管理能力的提升工作，积极组织技术人员开展海东鸡良种繁育、科学养殖及疫病防控等技术培训，不断提升养殖从业人员能力和水平，互助县畜牧站专家定期作技术指导，现有管理人员2名、专业技术人员3名、营销员1名和饲养员2名；为了提高繁育规模，加强了基础设施建设，繁育场养殖设施设备齐全，已建成孵化室、育种室、种鸡舍等养殖圈舍5栋，共1 200 $m^2$，为生产发展提供了基础保障。并与青海省和海东市专家达成长期技术服务协议，在保种基础上不断开发利用，常年存栏海东鸡5 000羽以上，核心种群保持在360羽以上，每年向社会推广良种海东鸡10 000羽以上，几年来总投资480万元，2023年总销售土鸡鸡苗1.6万只，鸡蛋0.4万kg，年收入78万元，年创效益12万元，繁育场得到了不断壮大。

在产业振兴的路上，雪岭海东鸡良种繁育场通过不懈努力取得了省级畜禽规模养殖场认定，获得了《种畜禽生产经营许可证》和《无公害农产品证书》，2018年评为国家级示范社，2019年获得青海高原（河湟）第四届农产品展交会金奖，2021

年确定为海东鸡省级保种场等。产品曾在庆祝中国农民丰收节暨青海（河湟）第八届农产品展交会、青洽会、“青海年·醉海东”年货节等重大活动亮相展出和销售，深受互助县内外消费者的青睐。据了解，繁育场带动了周边6家合作社和100多农户从事海东鸡养殖，年销售量达到了100多万羽，为乡亲们带来了30多万元的收入，带领乡亲们走上了致富道路。

（来源：互助七彩农业微信公众号）

**【启示】**把产业振兴放在乡村振兴的首要位置，是因为产业的发展对乡村振兴起着决定性的作用。没有产业的振兴，其他方面的振兴毫无意义，甚至可以说，没有产业的振兴，乡村根本不能实现真正的振兴。没有产业振兴，乡村无法增长财富，也缺乏振兴的内生动力。靠国家财政的支持、靠社会各界的援助，可以维持一段时间的振兴表象，但不能长久持续下去。

# 项目二 种蛋的孵化

## 项目导读

家禽属于鸟类，其繁殖方式为卵生，胚胎发育分体内和体外两个过程，胚胎体外发育期的营养物质不是直接来源于母体，而是来源于蛋，也正因为如此，人类可以模仿鸟类自然孵化的条件，进行人工孵化。母鸡孵化，孵出的雏鸡数量少，且母鸡在孵化期停产而影响产蛋。于是在20世纪50—60年代，人类发明了机械孵化法，由此而大大提高了劳动生产率，降低了劳动强度，提高了孵化率，增加了产蛋率。目前，随着机械孵化的不断发展和完善，孵化机械化、自动化程度越来越高。孵化方法有多种多样，但对孵化条件的要求是一样的。因此，为了保证较高的孵化率、健雏率和雏鸡的成活率，无论采取哪种孵化方法，都应精选种蛋，严格控制孵化条件，不断地对孵化效果进行检查和分析。

## 知识目标

①掌握种蛋管理和孵化的5个条件，了解适当通风换气、翻蛋和注意卫生对孵化率的影响。

②掌握照蛋技术、移盘时间，学会统计孵化结果的各项指标，掌握雏鸡自别雌雄的方法。

## 技能目标

①能够积极探索孵化过程，提高创新能力。

②能够完成种蛋的孵化，合理安排时间。

## 素质目标

①培养学生主动探究和解决问题的能力，了解生命诞生的过程。

②提高学生分析、思考和创新的能力，探究鸡的生长发育规律。

# 任务一　家禽人工授精

## 任务导入

我国作为世界最大的鸡蛋生产国和消费国，鸡蛋产量占世界总量的36%左右，蛋鸡产业是保证城乡居民“菜篮子”安全稳定供给的重要民生产业。发展蛋鸡立体养殖，对于提高土地利用效率，做大做强设施农业，增强鸡蛋产品供给保障能力具有重要意义。

种鸡繁殖方式包括自然交配和人工授精，不同饲养方式下的种鸡可采取不同的配种方式，请思考在规模化养鸡业及立体笼养技术的大力推广的背景下，如何更好地发挥人工授精技术的优势，并做一个科普性的宣传单。

## 任务工单

班级：＿＿＿＿＿＿　姓名：＿＿＿＿＿＿　学号：＿＿＿＿＿＿

| 任务名称 | 鸡的人工授精 |
| --- | --- |
| 任务描述 | 任务内容：种公鸡的采精技术与种母鸡的输精技术。<br>任务目的：通过鸡的人工授精技术，充分发挥笼养种鸡的优势，提高动手操作能力。<br>任务流程：首先，明确掌握种公鸡的采精技术和母鸡的输精技术操作流程，重点掌握种公鸡的采精方法和种母鸡的输精方法；然后，制作图文并茂的宣传单，完成任务。<br>任务方法：强化理论知识，操作过程中耐心、细致，有责任心。 |
| 获取信息 | 要完成任务，需要掌握相关的知识。请收集资料，回答以下问题。<br>1. 种鸡人工授精技术的操作规程有哪些？ |

（续表）

<table>
<tr><td rowspan="3">获取信息</td><td colspan="4">2. 种公鸡的饲养管理需要注意哪些方面？</td></tr>
<tr><td colspan="4">3. 种公鸡人工采精的技术要领都有什么？</td></tr>
<tr><td colspan="4">4. 人工输精的翻肛要领有哪些？</td></tr>
<tr><td>制订计划</td><td colspan="4"></td></tr>
<tr><td rowspan="6">任务实施</td><td colspan="4">按照预先制订的工作计划，完成本任务，并记录任务实施过程。</td></tr>
<tr><td>序号</td><td>完成的任务</td><td>遇到的问题</td><td>解决办法</td></tr>
<tr><td></td><td></td><td></td><td></td></tr>
<tr><td></td><td></td><td></td><td></td></tr>
<tr><td></td><td></td><td></td><td></td></tr>
<tr><td></td><td></td><td></td><td></td></tr>
</table>

## 任务准备

### 一、知识准备

#### （一）鸡的人工授精技术

鸡的人工授精技术是鸡繁育上的重大进步。在许多规模化的养殖企业已经普遍推广，种鸡的人工授精是一项操作性和技术性很强的工作，需要准确把握种公鸡的挑选、精液品质检查、人工采精技术方法、输精技术方法等各方面的操作技术。

#### （二）种公鸡饲养管理

1. 种公鸡挑选的标准

（1）外观。体质健壮、肌肉结实、前胸宽阔、眼睛明亮有神，灵活敏捷，叫声清亮；腿脚粗壮，脚垫结实富有弹性；羽毛丰满有光泽，无杂色，第二性征明显，鸡冠和肉髯发育良好，颜色鲜红为佳。

（2）生产性能。采精量一般为0.4~1.0 mL，精液黏稠，乳白色。有条件的可使用电子显微镜监测精子密度和活力，以便进一步进行筛选，正常鸡的精子密度一般为 25 亿 ~40 亿 /mL，精子直线运动，无畸形。

（3）种公鸡选育关键点。

第一次：1 日龄，根据生产产蛋期公母比例需要，适当淘汰弱小的公鸡。

第二次：40 日龄左右，选留发育良好、鸡冠鲜红的公鸡。

第三次：17~19 周龄，选留第二性征好，体格健壮，有性反射的公鸡。

第四次：22 周龄左右，采精训练时淘汰无精液或精液品质差的公鸡。

2. 种公鸡训练方法

（1）训练时间。145~154 日龄，每 2 d 1 次，一般连续训练 4 次直至输精。

（2）训练方法。保定人员抓鸡的速度要轻而快，用左手握住公鸡的双腿根部稍向下压，注意用力不可过大，公鸡躯体与保定人员左臂平行，尽量使其处于自然状态；采精人员采用背部按摩法，从翅根部到尾部快速轻抚 2~3 次，然后轻捏泄殖腔两侧，食指和拇指轻轻抖动按摩。

**（三）种公鸡的人工采精技术要领**

1. 采精前准备工作

采精前要将采精过程需要的器具进行熏蒸消毒；对集精管要做预温（冬季：36~37℃，夏季：35~36 ℃）处理。公鸡在采精前 3~4 h 应停食。

2. 采精方法

采精方法有多种，目前生产上常用按摩采精法。

（1）双人采精。保定人员双手握住鸡的双腿同时固定两翅，使公鸡头部向后，尾部向前，平放于腹上侧部。采精者右手中指和无名指夹采精杯，杯口向外，右手拇指和食指分开，放于泄殖腔下方的腹部柔软处。左手拇指与其他四指分开，自鸡的背部向后至尾根按摩，当按摩到尾根处时稍施加压力，按摩数次，观察公鸡是否有性反射。若出现性反射（呈交尾动作），左手迅速按压尾羽，拇指和食指放于泄殖腔上方做好挤压准备，右手协同左手进行高频率的抖动按摩，使泄殖腔充分外翻，左手适当用力挤压，夹采精杯的右手迅速反转，协同左手将精液收集入杯。

（2）单人采精。采精人员坐在约 35 cm 高的小凳上，左右腿交叉，将公鸡双腿夹于自己的两腿之间。右手夹采精杯，放于公鸡后腹部柔软处，左手由背部向尾根按摩数次，即可翻尾、挤肛、收集精液。

3. 采精频率

正常情况下采用隔日采精制度，使公鸡有充足的恢复时间。

4. 采精注意事项

（1）采精过程动作要轻，以免由于人为因素造成精子损伤。

（2）采精过程中，要求人员配合熟练，防止彼此等待，造成采精时间延长或者采精量减少。

（3）采精时如发现混有血液或精液稀薄，应将公鸡挑出，暂停使用；如不慎将粪便、羽屑或其他污物采入，应将精液废弃。

5. 精液品质评定

要定期对精液质量包括精液密度和活力进行电镜检测，及时淘汰精液劣质的公鸡，以免影响到种鸡的人工授精。

### （四）人工输精技术

1. 输精前的准备工作

（1）母鸡的选择。输精母鸡要求营养中等、产蛋率达70%，泄殖腔无炎症。

（2）器具及用品准备。准备输精枪、原精液或稀释后的精液。

2. 输精要求

翻肛人员在操作时动作要轻、准、稳、快，不可粗暴，防止将输卵管内的蛋挤破，造成输卵管炎或腹膜炎。翻肛时给母鸡腹部加压力时，一定要着力于腹部左侧，要以输卵管口刚突出泄殖腔时为好。输精人员对准输卵管开口中央插入输精器（1~2 cm），挤压输精管橡皮头，同时翻肛人员立即解除对母鸡腹部的压力，保证精液全部输入；注意不要输入空气或气泡；为防止交叉感染，最好采用一次性输精器。

（1）输精量与输精次数。正常情况下，原精液输精量为0.025~0.030 mL，才能保证有效的受精率。生产中每4~5 d输精一次，就能保证较高的受精率。

（2）输精时间。鸡的产蛋时间集中在上午，14：00以后很少产蛋。因此，一般在当天14：00—18：00输精。

3. 防止人为感染

为避免翻肛过程造成人为感染导致输卵管炎症，在每次翻肛前用沾有消毒液的毛巾对翻肛操作的手擦拭消毒。

## 二、材料准备

（1）准备用品。繁殖期公鸡、母鸡；人工授精用具，见表2-1。

**表2-1　人工授精用具**

| 名称 | 用途 |
|---|---|
| 集精杯 | 收集精液 |
| 刻度吸管 | 输精 |
| 保温杯 | 为精液保温 |
| 刻度试管 | 存贮精液 |
| 消毒盒 | 消毒采精及输精用具 |
| 温度计 | 测水温 |
| 生理盐水 | 精液稀释 |
| 显微镜 | 检查精液 |
| 药棉 | 消毒 |

（2）收集种鸡采精方法及操作相关资料，收集鸡的采精方法及采精原理。

（3）收集母鸡输精的方法及操作的相关资料，收集母鸡输卵管的结构特征，分析母鸡输精的部位及选择该部位的原因。

## 三、人员准备

人员分组，每组 5 人，明确职责分工（表 2–2）。

**表2–2　人员分工表**

| 任务角色 | 任务内容 |
| --- | --- |
| 组长： | 任务： |
| 组员 1： | 任务： |
| 组员 2： | 任务： |
| 组员 3： | 任务： |
| 组员 4： | 任务： |

## 任务筹划

**（一）内容筹划**

明确种鸡人工授精技术的操作规程，确定各个环节的注意事项。

**（二）方法筹划**

种鸡的人工授精是一项操作性、技术性很强的工作，按要求完成各个环节的操作要点，保证人工授精的效果，提高种鸡利用价值。

**（三）流程筹划**

第一步：种公鸡的选择及调教训练。

第二步：种公鸡的采精。

第三步：精液品质检查与稀释。

第四步：母鸡的输精。

## 任务实施

步骤一：

步骤二：

步骤三：

步骤四：

任务总结：

## 任务检测

请扫描二维码答题。

## 任务评价

根据任务完成情况，对展示成果做出评价（表 2–3）。

**表2–3　工作任务完成过程评价表**

班级：____________________　组别：____________________　姓名：____________________

| 项目 | 评分标准 | 分值 | 自我评价 | 小组评价 | 教师评价 |
|---|---|---|---|---|---|
| 内容评价 | 1. 体现公鸡精液的采集技术 | 15 | | | |
| | 2. 体现精液品质的感官鉴定内容 | 10 | | | |
| | 3. 体现母鸡的人工输精技术 | 15 | | | |
| 技能评价 | 1. 公鸡保定及采精手法 | 15 | | | |
| | 2. 母鸡保定姿势及翻肛手势 | 15 | | | |
| | 3. 采精和输精过程中全员的配合 | 5 | | | |
| | 4. 科普宣传单的完善性 | 15 | | | |
| 思政评价 | 1. 能够了解科学技术的进步，培养学生勇于探索的科学精神 | 5 | | | |
| | 2. 能够认真细致地完成各项环节的工作 | 5 | | | |
| 合计 | | 100 | | | |
| 自我评价与总结 | | | | | |

（续表）

| 教师点评 | |
|---|---|

课程 思政专栏

## 人工授精技术优越性

采用种鸡人工授精技术能降低饲养成本，减少建筑种鸡舍的面积。这是因为人工授精可以扩大种公鸡与种母鸡的比例，自然交配的种公鸡、种母鸡的比例是1:（8~10），而采用人工授精技术种公鸡种、母鸡的比例扩大至1:（20~25），种公鸡的饲养量可减少一半以上，饲养种公鸡鸡舍可大量减少，从而降低了饲养成本。

采用种鸡人工授精技术可以把优良种公鸡繁殖率大幅度提高。由于优良种鸡数量有限，部分种公鸡有外伤或疾病等，造成种公鸡各项指标正常但就是不能正常交配。这时采用人工授精技术就可以继续发挥优良种公鸡的作用，不耽误鸡场生产和发展。

采用种鸡人工授精技术可以保证种蛋受精率。如果种公鸡、种母鸡体形不匹配，身体相差太大，无法正常自然交配，就会影响受精率。有的种公鸡只对某些母鸡感兴趣，不与其他母鸡交配，也会造成受精率下降。而采用人工授精就避免了以上问题，不会造成受精率降低。

采用种鸡人工授精技术有助于培育新品种。育种工作采用人工授精技术更能准确建立种鸡系谱，不会造成混群现象，系谱不会错乱，对后代育种有帮助，有利于品种的鉴定。

采用种鸡人工授精技术能降低种蛋的不合格率。由于种鸡饲养方式等会造成种蛋被粪便等污染，不合格蛋和破蛋产生的数量较多，而采用人工授精就不会发生或极少发生这种情况。

（来源："农民致富之友"微信公众号）

**【启示】**科学技术作为先进生产力的重要标志，是推动社会文明进步的重要力量。科学技术是一个复合概念。科学是指对自然、社会和人类思维的正确认识，是反映客观事实和客观规律的知识体系及其相关的活动。科学主要分为自然科学、社会科学和思维科学。技术有广义和狭义之分。广义的技术包括生产技术和非生产技术。狭义的技术就是指生产技术，即人类改造自然、进行生产的方法与手段。科学和技术是辩证统一的整体。当今时代，科学活动与技术活动的联系越来越紧密，出现了科学技术化和技术科学化的趋势，科学和技术日益融为一体，形成了融合科学革命和技术革命为主要内容的"科学技术革命"，简称科技革命。

# 任务二 种蛋的处理

## 任务导入

种蛋是家禽生命的起点，在鸡的养殖过程中，种蛋质量的优劣是影响孵化率的重要因素，同时也决定着后代的生产性能。种蛋的孵化是养殖户重要的经济产出环节，较高的孵化率会带来高的经济回报，所以种蛋孵化前的处理工作更是不可忽视的。良好的种蛋管理有助于提高种蛋的合格率、出雏率以及健雏率，所以种蛋的管理尤为重要。种蛋越干净，消毒越早，运输到蛋库越快，储存种蛋的蛋库条件越好，越有利于孵化。谈到种蛋管理，需要考虑的因素较多，下面请分析汇总种蛋如何进行管理并绘制出思维导图，为养殖人员实际生产过程提供帮助。

## 任务工单

班级:____________ 姓名:____________ 学号:____________

| 任务名称 | 种蛋的处理 |
|---|---|
| 任务描述 | 任务内容：种蛋的选择、消毒、储存和运输。<br>任务目的：通过种蛋的管理，提高种蛋的合格率、出雏率以及健雏率。<br>任务流程：首先，了解种蛋的选择、消毒、储存和运输的具体内容；然后，分解每一个知识点；最后，绘制指导生产的思维导图。<br>任务方法：掌握种蛋管理的重要性，学会种蛋的选择与消毒，了解种蛋储存与运输的注意事项。 |
| 获取信息 | 要完成任务，需要掌握相关的知识。请收集资料，回答以下问题。<br>1. 种蛋管理的原则及重要性有哪些?<br><br><br>2. 种蛋如何选择?<br><br><br>3. 种蛋如何消毒? |

（续表）

<table>
<tr><td rowspan="2">获取信息</td><td colspan="4">4. 种蛋如何储存？</td></tr>
<tr><td colspan="4">5. 种蛋如何运输？</td></tr>
<tr><td>制订计划</td><td colspan="4"></td></tr>
<tr><td rowspan="6">任务实施</td><td colspan="4">按照预先制订的工作计划，完成本任务，并记录任务实施过程。</td></tr>
<tr><td>序号</td><td>完成的任务</td><td>遇到的问题</td><td>解决办法</td></tr>
<tr><td></td><td></td><td></td><td></td></tr>
<tr><td></td><td></td><td></td><td></td></tr>
<tr><td></td><td></td><td></td><td></td></tr>
<tr><td></td><td></td><td></td><td></td></tr>
</table>

## 任务准备

### 一、知识准备

#### （一）种蛋管理的原则及重要性

（1）要使种蛋孵化率达到最高，必须要在干净以及适宜的温湿度环境下保存种蛋。为了达到这一目标，需要制定严格的种蛋收集、消毒、冷却、储存以及孵化流程，并且保证每一个环节都按标准严格执行。

（2）种蛋产出后应立即冷却，使胚胎始终处于休眠状态，防止胚胎发育，从而保证胚胎内成分都维持在最佳状态。造成胚胎发育波动的重要因素是种蛋的贮存温度和时间。最新的孵化数据表明，种蛋贮存不应该超过 1 周。种蛋存放 8 d 比存放 7 d 或更少的时间，孵化率会明显下降。因此，应采取一切措施尽量使贮存种蛋的时间不超过 7 d。

#### （二）种蛋的收集

（1）控制好鸡群，将地面蛋降到最低。

（2）定期清理集蛋设备，保证没有垫料和粪便污染。

（3）每日至少收集种蛋4次，确定正确的收集时间，每次收集数量不要超出全天总量的30%（收集蛋数过多会造成脏蛋与破损蛋的发生）。早上是产蛋高峰，应合理调整每次收集间隔。每天工作结束后要对集蛋设备进行清理，减少种蛋在设备内过夜。

（4）尽可能增加地面蛋的收集次数，减少破损率，并且将脏蛋与干净蛋分开存放，减少因管理不到位而导致蛋表面细菌污染的风险。

**（三）种蛋的挑选与存放**

（1）每次收集种蛋后应立即选蛋并合理存放。

（2）淘汰蛋重不够的种蛋（最小蛋重由经济效益决定）、破损蛋、畸形蛋、双黄蛋、软壳蛋以及蛋壳表面污染物或粪便污染超过25%的种蛋，做好记录工作。

（3）种蛋的来源必须健康，家禽不能带有可以通过蛋进行传播的疾病，如支原体、白痢等。种蛋表面必须清洁，颜色正常，表面钙质沉积均匀，蛋形正常，蛋的长径与短径之比为（1.32~1.39）∶1。

（4）种蛋装盘后，应按从下往上的顺序依次摆放。避免先放在蛋车上面已冷却的种蛋被后存放在下面还未冷却的种蛋影响温度变化。放好种蛋的蛋车应存放在蛋库内，未装满种蛋的蛋车应用蛋盘将其填满后再存放，而不是直接存放。

（5）种蛋如果需要装箱，应待种蛋温度降到蛋库温度后再进行操作，降温前不能用塑料薄膜遮盖。

**（四）种蛋消毒**

（1）甲醛熏蒸是对蛋壳表面最有效的消毒方法。正确使用甲醛熏蒸消毒，不仅能有效地清除蛋壳表面病原微生物，还能够避免因蛋壳潮湿而破坏蛋壳外膜或者损伤蛋内胚胎。

（2）种鸡场每次都应对收集后的种蛋进行甲醛熏蒸消毒，消毒时应采取必要的安全措施。种蛋应使用塑料蛋盘存放，因为塑料盘种蛋之间留有空隙，能完全吸收甲醛气体，消毒更彻底。

（3）熏蒸时室内必须是密闭环境，在温度不低于24 ℃，相对湿度不低于65%条件下，至少循环20 min。熏蒸时开启循环风更有助于消毒彻底，待气体排净后用专业仪器检测合格后方可进入。

**（五）脏蛋的清洁**

蛋壳表面脏区面积不大时，可以用指甲轻轻去掉，或者用干净的纸巾擦掉上面的软粪。注意不要污染蛋壳其他干净的区域。脏蛋处理后才能进行消毒，孵化时应集中孵化脏蛋。

种蛋清洗消毒虽然不是最好的办法，但在特殊条件下，也是必须要用到的。如果一定要对种蛋进行清洗消毒，我们要注意以下两点。

（1）清洗种蛋的消毒液温度应保持在41 ℃左右，保证消毒液的温度始终高于当天所收集种蛋中温度最高的种蛋。消毒液应喷洒在蛋壳表面，而不是将种蛋全部浸入消毒溶液里。

（2）保证消毒液浓度为有效浓度，并定期更换。整个清洗过程要做好记录，注意观察消毒液温度及更换频率，清洗过的种蛋待干燥后仍须进行熏蒸消毒。

**（六）种蛋的储存条件**

种蛋产出后应让其冷却使胚胎停止发育，并在产出后 7 d 之内入孵，储存时间超过 7 d 的种蛋会因胚胎细胞的死亡、内在品质（蛋清质量）下降而导致孵化率下降。种蛋如需较长时间储存时，应适当降低储存温度。

1. 温度

当温度超过 23.9 ℃时，胚胎就开始发育，虽然发育程度有限，但是细胞新陈代谢会逐渐导致禽胚的衰老和死亡；相反，温度低于 0 ℃时，种蛋则会因受冻而失去孵化能力。种蛋冷却后，蛋库内储存温度应保持稳定（做好温度监测记录，观察蛋库开门时温度的变化），不要将冷风或热风直接吹向种蛋，随着储存时间的变化，及时调整蛋库温度（以保证种蛋的内部品质，以及休眠状态下胚胎的存活率）。同时，蛋库到孵化场地运输过程中的温度控制也非常关键，应保证种鸡场蛋库温度比孵化场蛋库温度高 2 ℃，运蛋车的温度差异不高于 2 ℃，有利于避免出现冷凝水的情况。

2. 相对湿度

蛋内的水分通过蛋壳不断蒸发，蒸发速度受周围环境的相对湿度的影响。相对湿度低，蛋内水分蒸发就快，反之则慢。湿度过高，种蛋容易变质发霉。为防止种蛋储存期间失水过多，蛋库的相对湿度应保持在 75%~80%。重点关注蛋库内加湿器的水质是否干净卫生以及喷头喷洒效果是否正常，保证在加湿时喷出水雾而不是大的水滴。

**（七）放置位置与翻蛋**

（1）种蛋从产下到入孵的储存过程，最好以小头向上放置，实验证明这样放置的种蛋孵化率高些。同样保存 7 d，种蛋小头向上的孵化率为 90%，而大头向上的孵化率只有 82%。

（2）种蛋孵化时需要种蛋大头向上，故生产中很少以小头向上的方法放置种蛋，而采取大头向上结合翻蛋的办法保存种蛋。

（3）为防止蛋黄粘壳，种蛋保存过程还应注意变动位置。如果种蛋保存的时间短于 1 周，那么保存期间不需要翻动。如果长时间保存种蛋，则需要在保存期间每天翻 1~2 次蛋。蛋库内应设置半自动化翻蛋的蛋架，蛋架上蛋盘与孵化机的蛋盘配套，这样可以大大提高工作效率，减轻劳动强度。

**（八）种蛋的运输**

种蛋运输时最好使用专门的种蛋箱，如果没有，可以用木箱或者纸箱代替，每隔一层种蛋放一层柔软垫料，防止途中剧烈颠簸，同时也需要避免受冻、暴晒和雨淋。

## 二、材料准备

（1）从种蛋管理的角度，分析造成孵化率差的原因。可以从种蛋的收集、储存、消毒等流程进行分析。

（2）收集种蛋处理的相关资料，收集种蛋入孵前需要提前完成哪些准备工作。

（3）收集种蛋与孵化率关系的相关资料；收集提高种蛋孵化率的措施，以及种蛋处理与提高孵化率之间的关系。

## 三、人员准备

人员分组，每组 5 人，明确职责分工（表 2–4）。

**表2–4　人员分工表**

| 任务角色 | 任务内容 |
| --- | --- |
| 组长： | 任务： |
| 组员 1： | 任务： |
| 组员 2： | 任务： |
| 组员 3： | 任务： |
| 组员 4： | 任务： |

## 任务筹划

**（一）内容筹划**

明确种蛋管理的原则及重要性，确定种蛋管理的重要环节，做好各项细节管理，才能充分提高孵化效率，为今后获取理想的经济效益保驾护航。

**（二）方法筹划**

目前大多孵化场的种蛋孵化率均维持在 90% 左右，如何才能再进一步提高孵化效率，获取更好的经济效益，据此形成提高种蛋孵化的技术方案。

**（三）流程筹划**

第一步：了解种蛋管理的原则及重要性。

第二步：掌握种蛋的收集、挑选、消毒、储存、运输各个环节的技术要点。

第三步：分析哪些环节会影响到孵化场的生产效率。

第四步：形成提高种蛋孵化的技术方案。

## 任务实施

步骤一：

步骤二：

步骤三：

步骤四：

任务总结：

## 任务检测

请扫描二维码答题。

## 任务评价

根据任务完成情况，对展示成果做出评价（表 2–5）。

**表2–5　工作任务完成过程评价表**

班级：＿＿＿＿＿＿＿＿　组别：＿＿＿＿＿＿＿＿　姓名：＿＿＿＿＿＿＿＿

| 项目 | 评分标准 | 分值 | 自我评价 | 小组评价 | 教师评价 |
|---|---|---|---|---|---|
| 内容评价 | 1. 体现种蛋的管理原则 | 5 | | | |
| | 2. 体现种蛋管理的内容 | 20 | | | |
| | 3. 体现种蛋管理的重要性 | 10 | | | |
| 实操技能 | 1. 能够指导种蛋的挑选 | 15 | | | |
| | 2. 能够指导种蛋的熏蒸消毒 | 10 | | | |
| | 3. 能够分析种蛋管理不当对孵化场的影响 | 15 | | | |
| | 4. 能够准确完成思维导图绘制 | 15 | | | |
| 思政素养 | 1. 能够自主学习，养成良好的学习习惯 | 5 | | | |
| | 2. 能够明白事前准备的重要性，提高专业水平和实践能力 | 5 | | | |
| 合计 | | 100 | | | |
| 自我评价与总结 | | | | | |

（续表）

| 教师点评 | |
|---|---|

## 课程思政专栏

### 同仁蛋鸡“孵”出致富路

乡村振兴，产业先行。近年来，黄南藏族自治州（以下简称黄南州）同仁市以打造绿色有机农畜产品输出地为目标，立足当地气候和资源，推动传统蛋鸡养殖向现代化养殖转型，用小小的蛋鸡“孵”出富民大产业。48岁的陕真博是黄南州同仁市隆务镇人。谈起自己的创业经历，陕真博说，青海省现有的蛋鸡存栏量较低，大部分鸡蛋来自山西省、河北省和河南省等省份，由于路途遥远，鸡蛋的新鲜度很难得到保证。现在养殖场产的新鲜鸡蛋，从鸡下蛋到端上老百姓的餐桌，一般在48 h以内。鸡蛋不仅受到当地老百姓的喜爱，也满足了周边群众对鸡蛋的需求，得到市场一致认可，产品供不应求。

同仁的鸡蛋为何受欢迎？陕真博介绍，养殖场的鸡蛋通过全自动中央集蛋系统从每栋鸡舍自动进入蛋库，蛋库的第一项工作是挑选次品蛋和瑕疵蛋，保证流通于市场的都是高品质的鸡蛋，随后鸡蛋自动进入干刷清洗系统，保证蛋品干净卫生，再自动进入喷保鲜液装置，这样每一枚鸡蛋在原有保鲜期的前提下再延长30 d保鲜期，保证到消费者手里都是新鲜的鸡蛋。养殖场的设备处于国内一流水平，鸡群生活的环境空气质量优良，无有害气体，温度、湿度等条件适宜，养殖场能做到产蛋期全程无抗养殖，鸡蛋也是无抗鸡蛋，没有抗生素的鸡蛋自然受欢迎。

“养殖场的建成，给当地及周边的村民带来了家门口就业的机会。”陕真博介绍，养殖场已带动120名周边群众稳定就业，带动29个村收益145万元。

（转载自“文明青海”微信公众号）

**【启示】**习近平总书记曾指出，产业是发展的根基，产业兴旺，乡亲们收入才能稳定增长。要坚持因地制宜、因村施策，宜种则种、宜养则养、宜林则林，把产业发展落到促进农民增收上来。发展乡村产业所萌生的新产业新业态，如乡村旅游、休闲康养、电子商务等，对农民充分就业、分享效益、就近提高收入大有裨益。发展乡村产业在“稳就业”和“保增收”方面具有特殊意义，是我国决战决胜脱贫攻坚战和全面建成小康社会的重要保障。

# 任务三　种蛋胚胎发育的观察

## 任务导入

种鸡孵化率直接关系到鸡场和孵化场的经济效益，孵化是种禽场最重要的生产流程之一，孵化中出现的各种意外情况会导致胚胎发育出现问题，直接导致孵化率降低，最终影响种禽场的经济效益。种蛋胚胎发育的观察能有效反映出孵化条件是否合适，请收集相关资料，积极探索胚胎发育过程图，完成一份鸡胚发育图解的PPT，为养殖人员提供帮助。

## 任务工单

班级：＿＿＿＿＿＿＿＿　姓名：＿＿＿＿＿＿＿＿　学号：＿＿＿＿＿＿＿＿

| 任务名称 | 种蛋胚胎发育观察 |
| --- | --- |
| 任务描述 | 任务内容：掌握种蛋胚胎发育的全过程图及照蛋技术，了解出雏高峰和造成死胚蛋和死胎蛋的原因。<br>任务目的：通过种蛋胚胎发育的观察，了解鸡胚胎发育特征及胚胎发育异常的原因。<br>任务流程：先明确掌握种蛋胚胎发育过程图，思考如何知晓胚胎发育是否正常；再重点掌握照蛋技术以及出雏观察、死胚蛋和死胎蛋的剖检分析，并归纳总结做出系统的 PPT，完成任务。<br>任务方法：识别并记忆不同阶段的发育特征，学会判断不同胚龄的种蛋，掌握发育异常的原因。 |
| 获取信息 | 要完成任务，需要掌握相关的知识。请收集资料，回答以下问题。<br>1. 种蛋胚胎有哪些发育过程？<br><br>2. 如何掌握种蛋照检技术？<br><br>3. 出雏期间如何观察？<br><br>4. 如何进行死胚蛋和死胎蛋的外观及病理解剖？ |

（续表）

<table>
<tr><td>制订计划</td><td colspan="4"></td></tr>
<tr><td rowspan="6">任务实施</td><td colspan="4">按照预先制订的工作计划，完成本任务，并记录任务实施过程。</td></tr>
<tr><td>序号</td><td>完成的任务</td><td>遇到的问题</td><td>解决的办法</td></tr>
<tr><td></td><td></td><td></td><td></td></tr>
<tr><td></td><td></td><td></td><td></td></tr>
<tr><td></td><td></td><td></td><td></td></tr>
<tr><td></td><td></td><td></td><td></td></tr>
</table>

## 任务准备

### 一、知识准备

如何判断胚胎发育是否正常呢？实践是检验真理的唯一标准，这节课我们将通过照蛋、出雏观察和死胎剖检，实事求是、积极探索和思考孵化效率低的原因，从而改善种鸡饲养管理措施、优化孵化条件，进而提高孵化率。

**（一）种蛋胚胎发育的过程**

胚胎发育过程分为蛋在形成过程中的胚胎发育和孵化期的胚胎发育 2 个阶段。

1. 蛋在形成过程中的胚胎发育

母禽从卵巢上排出的卵子被输卵管漏斗部（伞部）接纳，后与精子相遇受精。由于母禽体温在 40.6~41.7 ℃，受精卵在输卵管内形成蛋的过程中（24 h 左右）开始发育。受精卵到峡部时发生卵裂，进入子宫部 4~5 h 后已达 256 个细胞期，到蛋产出时，胚胎发育已进入囊胚期或原肠早期。蛋产出体外后，由于外界气温低于胚胎发育所需的临界温度，胚胎发育处于停滞状态。

2. 孵化期的胚胎发育过程

孵化期胚胎发育过程相当复杂，其主要特征如下。

第一天，在入孵的最初 7.4 h，即出现若干胚胎发育过程。4 h 心脏和血管开始发育，12 h 心脏开始跳动，胚胎血管和卵黄囊血管连接，从而开始了血液循环；16 h 体节形成，有了胚胎的初步特征，体节是脊髓两侧形成的众多的块状结构，以后发育成骨骼和肌肉；18 h 消化道开始形成；20 h 脊柱开始形成；21 h 神经系统开始形成；22 h 头开始形成；24 h 眼开始形成。中胚层进入暗区，在胎盘的边缘出现许多红点，称“血岛”。

第二天，25 h 耳、卵黄囊、羊膜、绒毛膜开始形成，胚胎头部开始从胎盘分离出来，照蛋时可见卵黄囊血管区形似樱桃，俗称“樱桃珠”。

第三天，60 h 鼻开始发育；62 h 腿开始发育；64 h 翅开始形成，胚胎开始转向成为左侧下卧，循环系统迅速增长。照蛋时可见胚和延伸的卵黄囊血管形似蚊子，俗称“蚊虫珠”。

第四天，舌开始形成，机体的器官都已成型，卵黄囊血管包围蛋黄达 1/3，胚胎和蛋黄分离。由于中脑迅速增长，胚胎头部明显增大，胚体更为弯曲。胚胎与卵黄囊血管形似蜘蛛，俗称“小蜘蛛”。

第五天，生殖器官开始分化，出现了两性的区别，心脏完全形成，面部和鼻部也开始有了雏形。眼的黑色素大量沉积，照蛋时可明显看到黑色的眼点，俗称“单珠”或“黑眼”。

第六天，尿囊达到蛋壳膜内表面，卵黄囊分布在蛋黄表面的 1/2 以上，由于羊膜壁上的平滑肌的收缩，胚胎有规律地运动。蛋黄由于蛋白水分的渗入而达到最大的重量，由原来的约占蛋重的 30%增至 65%。喙和“卵齿”开始形成，躯干部增长，翅和脚已可区分。照蛋时可见头部和增大的躯干部两个小圆点，俗称“双珠”。

第七天，胚胎出现鸟类特征，颈伸长，翼和喙明显，肉眼可分辨机体的各个器官，胚胎自身有体温，照蛋时胚胎在羊水中不容易看清，俗称“沉”。

第八天，羽毛按一定羽区开始形成，上下喙可以明显分出，右侧蛋巢开始退化，四肢完全形成，腹腔愈合。照蛋时胚在羊水中浮游，俗称“浮”。

第九天，喙开始角质化，软骨开始硬化，喙伸长并弯曲，鼻孔明显，眼睑已达虹膜，翼和后肢已具有鸟类特征。胚胎全身被覆羽乳头，解剖胚胎时，心脏、肝脏、胃、食道、肠和肾脏均已发育良好，肾脏上方的性腺已可明显区分出雌雄。

第十天，腿部鳞片和趾开始形成，尿囊在蛋的锐端合拢。照蛋时，除气室外整个蛋布满血管，俗称“合拢”。

第十一天，背部出现绒毛，冠出现锯齿状，尿囊液达最大量。

第十二天，身躯覆盖绒羽，肾脏、肠开始具有功能，开始用喙吞食蛋白，蛋白大部分已被吸收到羊膜腔中，从原来占蛋重的 60%减少至 19%左右。

第十三天，身体和头部大部分覆盖绒毛，胫出现鳞片，照蛋时。蛋小头发亮部分随胚龄增加而减少。

第十四天，胚胎发生转动而同蛋的长轴平行，其头部通常朝向蛋的大头。

第十五天，翅已完全形成，体内的大部分器官大体上都已形成。

第十六天，冠和肉髯明显，蛋白几乎全被吸收到羊膜腔中。

第十七天，肺血管形成，但尚无血液循环，亦未开始肺呼吸。羊水和尿囊也开始减少，躯干增大，脚、翅、胫变大，眼、头日益显小，两腿紧抱头部，蛋白全部进入羊膜腔。照蛋时蛋小头看不到发亮的部分，俗称“封门”。

第十八天，羊水、尿囊液明显减少，头弯曲在右翼下，眼开始睁开，胚胎转身，喙朝向气室，照蛋时气室倾斜。

第十九天，卵黄囊收缩，连同蛋黄一起缩入腹腔内，喙进入气室，开始肺呼吸。

第二十天，卵黄囊已完全吸收到体腔，胚胎占据了除气室外的全部空间，脐部开始封闭，尿囊血管退化。雏鸡开始大批啄壳，啄壳时上喙尖端的破壳齿在近气室处凿一圆的裂孔，然后沿着蛋的横径逆时针敲打至周长2/3的裂缝，此时雏鸡用头颈顶，两腿用力蹬挣，20.5 d大量出雏。颈部的破壳肌在孵出后8 d萎缩，破壳齿也自行脱落。

第二十一天，雏鸡破壳而出，绒毛干燥蓬松。

### （二）种蛋照检技术

1. 照蛋的目的

通过灯光对种蛋进行透视，观察胚胎发育情况，以便及时调整孵化温度，通常采用照蛋器进行照蛋。

2. 照蛋时间

一般孵化场对每批种蛋照检2次，但在大型孵化场，为了减轻劳动强度和避免照蛋对胚胎产生应激反应，通常只在移盘前照蛋1次。鸡蛋头照的时间一般为5~6 d，二照的时间一般为19 d。不同阶段照蛋特征不同。

（1）头照。鸡胚发育到5~6 d进行第一次照蛋，俗称头照。发育正常种蛋在照蛋时，蛋内血管网鲜明呈放射状分布，可见喙原基、眼部有黑色素沉着，照蛋时有明显的黑眼点，俗称单珠或起珠；发育缓慢的胚蛋照蛋时，胚体较小，血管网淡而纤细，扩散面不足蛋体的4/5，黑眼点不明显；未受精的蛋照蛋时蛋体透明，有时能看到淡淡的蛋黄阴影，气室边界模糊，看不见血管和胚胎；死胚蛋可见不规则的血点、血线或紧贴于蛋壳表面的血环。

（2）二照。一般在胚胎发育的19 d，照检时发育正常的胚蛋气室大而弯曲、气室边界不整齐，除气室外，胚胎已占据蛋的全部容积，照蛋时，看到的胚蛋全是黑色，气室内有喙的阴影，称闪毛；发育缓慢的胚蛋照蛋时，可见气室边界平整无闪毛；死胚蛋气室边界暗淡不清，摸之蛋身发凉。

### （三）出雏期间的观察

主要从出雏持续的时间和雏鸡表现2个方面进行观察。如，有无明显的出雏高峰，出雏结束时间，未出雏的胚蛋在出雏盘中的分布，雏鸡绒毛长短，腹部大小，脐带部愈合状况，鸡叫声、神态及有无残疾或畸形等方面。

### （四）死胚蛋和死胎蛋外观及病理解剖

1. 外表观察

外表观察死胚蛋，主要观察绒毛长短，脐部愈合状况和卵黄吸收情况以及头部和腿部有无残疾或畸形。死胎蛋主要观察是否已啄壳、啄壳部位洞口的形状和有无黏液或血迹等。

2. 照蛋透视

照蛋透视主要检查气室位置，大小和形态及气室边缘血管情况，胚蛋锐端的尿囊绒毛合拢情况或蛋白吸收情况。

3. 病理剖检

病理剖析主要是用镊子轻轻敲破气室的蛋壳，并撕去内壳膜，然后依次进行观察，首先观察胚胎的死活，然后再观察尿囊绒毛膜和羊膜的状态，包括有无出血现象，将胚蛋内容物倒入培养皿中，观察卵黄囊血管是否充血，出血及吸入腹腔状况，是否有蛋白胎位状态等；取出死亡胚胎，用生理盐水冲洗干净，根据死亡胚胎大小及外表发育特征，初步判断胚胎死亡的胚龄；继续观察死亡胚胎，脑部、颈部和皮肤有无水肿，充血或阴血现象，胎位是否正常等；最后剖开死亡胚胎的体腔观察肠、胃、心肝、肺和肾以及卵黄囊、尿囊绒毛膜等的病理变化，如有无充血出血，水肿肥大，萎缩，变性或畸形，判定死亡原因。

胚胎死亡原因是复杂的，通过对以上内容进行检查，综合分析胚胎死亡原因，实事求是，找出不足，积累经验，以便引起今后注意。

## 二、材料准备

（1）收集胚胎发育过程的资料，了解胚胎发育观察的方法。通过查阅大量资料，了解对 21 d 胚胎发育的特点及显著特征，包括种蛋孵化时间、检查胚胎发育是否正常的方法。

（2）收集胚胎发育的相关资料，收集胚胎 21 d 发育全过程图及特殊时间点的特征图。

（3）收集胚胎发育对孵化率的影响的相关资料，收集胚胎发育和孵化率高低之间的关系。

## 三、人员准备

人员分组，每组 5 人，明确职责分工（表 2-6）。

**表2-6　人员分工表**

| 任务角色 | 任务内容 |
| --- | --- |
| 组长： | 任务： |
| 组员 1： | 任务： |
| 组员 2： | 任务： |
| 组员 3： | 任务： |
| 组员 4： | 任务： |

## 任务筹划

### （一）内容筹划

明确胚胎发育的时间，确定 21 d 内胚胎发育有哪些典型的发育特点及通过何种方法进行胚胎发育的观察，体验科学探究的过程。

### （二）方法筹划

根据胚胎发育的全过程，认真思考如何才能提高孵化率，根据获取的信息资料，对这些资料进行加工，形成胚胎发育特征图谱。

**（三）流程筹划**

第一步：深入了解胚胎发育的全过程。

第二步：调查胚胎发育过程中如何知晓胚胎发育情况。

第三步：调查该过程如何衡量最终的孵化效果。

第四步：为养殖户提供参照依据。

## 任务实施

步骤一：

步骤二：

步骤三：

步骤四：

任务总结：

## 任务检测

请扫描二维码答题。

## 任务评价

根据任务完成情况，对展示成果做出评价（表 2–7）。

**表2–7　工作任务完成过程评价表**

班级：＿＿＿＿＿＿　组别：＿＿＿＿＿＿　姓名：＿＿＿＿＿＿

| 项目 | 评分标准 | 分值 | 自我评价 | 小组评价 | 教师评价 |
|---|---|---|---|---|---|
| 内容评价 | 1. 体现胚胎发育的阶段 | 15 | | | |
| | 2. 体现胚胎发育各阶段的主要特征 | 20 | | | |
| | 3. 体现种蛋照检技术 | 15 | | | |

（续表）

| 项目 | 评分标准 | 分值 | 自我评价 | 小组评价 | 教师评价 |
|---|---|---|---|---|---|
| 技能评价 | 1. 能够识别胚胎发育各阶段的主要特征 | 15 | | | |
| | 2. 胚胎发育相关信息的收集 | 5 | | | |
| | 3. 对于收集信息的整合和分析 | 5 | | | |
| | 4. PPT 内容表述简洁明确，各阶段胚胎发育特征突出 | 15 | | | |
| 思政评价 | 1. 能够开拓视野，反映科学探究的艰辛 | 5 | | | |
| | 2. 能够积极思考 | 5 | | | |
| 合计 | | 100 | | | |
| 自我评价与总结 | | | | | |
| 教师点评 | | | | | |

## 课程思政专栏

### “胚胎蛋”挖掘“价值金矿”

在山东省聊城市一个养殖有限公司高标准车间内，工人们正在紧张地分装数十万枚鸡蛋，它们被分别发往广州市和武汉市。但不同的是，鸡蛋并非销往超市，而是卖给了制药厂。“这些鸡蛋经过特殊处理，做成胚胎蛋，其尿囊液可以被提取出来，生产畜禽用和人用疫苗。”公司总经理杨先生说。

一个偶然的机会，杨先生发现了这个行业的“新大陆”。短短几年时间，他就将一枚小小的鸡蛋做成大产业，利用其药用价值，打入高端市场，从而极大地提高了鸡蛋的市场价值，并且带富了一方群众。也因此，杨先生被评为山东省 2018 年度乡村“好青年”。杨先生富了，但他没有忘记乡亲。姜店镇是传统养殖大镇，但很多养鸡户“单打独斗”，很快在市场竞争中败下阵来。为了发挥致富带动作用，杨先生在不断扩大规模的同时，与周围的 30 多家养殖户建立合作关系，采用订单养殖方式，实行统一饲料、统一技术、统一管理、统一回收，降低了养殖风险，提高了养殖效益，带动了周边村群众共同致富。与此同时，他还雇用了 5 名有劳动能力的贫困户来公司干活，每名贫困户月收入都能达到 2 000 元以上。不仅如此，杨先生还积极参加地方性的各种公益活动，关心弱势群体。2013 年，他出资修建村里的公路；2014 年，为村里安装路灯并承担电费；2014 年开始，每年为村里 60 岁以上老人发放米面油等；2018 年，参与捐资助学，帮扶困难家庭……近年来，在修路、兴教、扶贫、救灾等公益慈善事业上，杨先生先后捐出善款 70 余万元。他表示："财富取之于社会，只有回馈社会，为群众做有意义的事情，才会发挥其真正的价值。"

（来源："青春聊城"微信公众号）

**【启示】**风正潮平，自当扬帆破浪，任重道远，更需策马扬鞭。只有不断地培养出品德好、能力强、作风硬的乡村"好青年"，才能在助力脱贫攻坚和乡村振兴的生产实践中奉献更多的青春力量。

# 任务四　孵化器的使用

## 任务导入

鸡的人工孵化是仿生学的一大成就，已成为现代家禽生产的一项基本技术。一般人工孵化是用孵化器来孵化，而母鸡孵化小鸡是只用母鸡孵化的，不需要外界力量。用孵化器来孵化的话，孵化的数量多，母鸡孵化，有一定的数量限制。人工孵化的鸡蛋只需要在孵化器里孵化 21 d，而母鸡则需要 21~28 d 才能孵化出小鸡；人工孵化的成功率通常比母鸡抱窝要高，在控制温度、湿度和氧气等条件下，可以保证更大比例的鸡蛋孵化成功。在人工孵化过程中，可以更为精准地控制温度、湿度等因素，以确保更好的孵化效果。

养殖户在孵化小鸡的时候往往会出现很多问题。孵化小鸡虽然是一个很成熟的技术，养殖户每年都在重复做，但是要想出壳率、成活率都高，还是需要一些小妙招的，请根据所学知识，做一个科普性的演讲来帮助养殖户分析总结人工孵化需要的小妙招。

## 任务工单

班级:____________　姓名:____________　学号:____________

| 任务名称 | 孵化器的使用 |
|---|---|
| 任务描述 | 任务内容：掌握孵化器的构造、孵化器的使用技术。<br>任务目的：通过孵化器的认识与使用，了解孵化器的运行程序，及时解决突发问题，大大提高孵化效率。 |

（续表）

<table>
<tr><td>任务描述</td><td colspan="4">任务流程：首先，要了解孵化器的构造；其次，重点掌握孵化器的使用和操作步骤；最后，用演讲的形式流畅表达出具体操作流程。<br>任务方法：识别孵化器部件的结构和功能，掌握孵化器的使用方法。</td></tr>
<tr><td>获取信息</td><td colspan="4">要完成任务，需要掌握相关的知识。请收集资料，回答以下问题。<br>1. 孵化器有哪些构造？<br><br>2. 孵化器如何使用？<br><br>3. 孵化器使用时的注意事项有哪些？</td></tr>
<tr><td>制订计划</td><td colspan="4"></td></tr>
<tr><td rowspan="6">任务实施</td><td colspan="4">按照预先制订的工作计划，完成本任务，并记录任务实施过程。</td></tr>
<tr><td>序号</td><td>完成的任务</td><td>遇到的问题</td><td>解决的办法</td></tr>
<tr><td></td><td></td><td></td><td></td></tr>
<tr><td></td><td></td><td></td><td></td></tr>
<tr><td></td><td></td><td></td><td></td></tr>
<tr><td></td><td></td><td></td><td></td></tr>
</table>

## 任务准备

### 一、知识准备

人工孵化操作就是通过机器或其他设备模拟自然孵化过程，人为创造适宜的孵化环境，对家禽种蛋进行孵化，从而大大提高家禽繁殖效率和生产效率，满足日益增长的消费需求，是仿生学的一大成就。人工孵化已成为现代家禽生产的一项基本技术。那么究竟如何去模拟母鸡自然孵化的过程呢？

#### （一）孵化器的构造

现代孵化器包括孵化器和出雏器两部分。孵化器是指种蛋孵化前期、中期发育的场所；出雏器是指雏禽后期破壳的场所。一般情况下，3 台孵化器与 1 台出雏器组合使用；也有的小型孵化器孵化出雏在同一台机器内完成。

孵化器可分为平面孵化器和立体孵化器两大类。立体孵化器中的巷道式孵化器，孵化数量大，孵化效率高，是大型孵化场的常用孵化设备。

孵化器的主要构造与部件。

（1）外壳。孵化器的外壳要求隔热（保温）性能好、防潮、坚固和美观，一般采用高强度塑料或金属材料制成，分门、顶、后、两侧板和底板。

（2）种蛋盘。一般分 1~19 d 胚龄的孵化盘和 19~21 d 胚龄的出雏盘，二者均要求通气性好，以利胚蛋充分、均匀受热和获氧，还应不变形、安全可靠，孵化过程中不卡盘、掉盘，不跑雏。

（3）翻蛋架。翻转种蛋的目的是保证蛋内胚胎均匀发育。

（4）控温系统与控湿系统。控温系统主要由电热管和温度感应调节器组成，控湿系统有超声雾化供湿装置，叶片轮式自动供湿装置等，也可在孵化器底部放置水盘来调节孵化湿度。

（5）降温冷却系统。当孵化器内温度超过高温报警所设定的温度时，孵化器自动切断电源停止供热，同时通过供给冷水或加大排风量来加速降温。

（6）报警系统。当机内温度超过设定温度一定范围时自动报警。

（7）机械转动系统。主要包括翻蛋系统、通风换气系统。翻蛋系统控制翻蛋，并显示翻蛋次数。通风换气系统由孵化器进气孔、出气孔、电机和风扇组成。电机带动风扇转动进行通风换气，同时使机内温度、湿度均匀，通过关闭或打开通气孔与进气孔，可控制孵化器内通风换气量。

（8）机内照明装置。孵化器内安装照明灯，其目的是方便孵化操作。

出雏器与孵化器的构造相似，另外配有出雏车、出雏盘等。

**（二）孵化器的使用**

1. 种蛋孵化的前期准备工作

（1）孵化室保持适宜的温度和良好的通风，一般要求孵化室温度 22~24 ℃为宜。

（2）孵化前要求对孵化室进行清扫、冲洗、消毒，以保证孵化卫生。

（3）孵化器使用前要认真阅读孵化器使用说明书，严格按照有关要求进行安装和操作。正式孵化前要对孵化器预先调试 24 h，调试过程主要观察孵化器控温、控湿、通风换气、翻蛋等系统工作是否正常，并注意翻蛋次数的显示，特别注意孵化器显示面板所显示的温度、湿度与机内实际温度、湿度是否一致。经调试合格的孵化器方能进行正式孵化。

（4）种蛋预热，一般蛋库温度为 12~17 ℃，而孵化室的温度为 25 ℃左右，二者之间有温度差，加之孵化室的通风不是很好，导致鸡蛋表面出现冷凝水影响种蛋升温，因此种蛋孵化前应将种蛋由储存室移至孵化室内，预热 6~12 h，去除蛋表面的冷凝水，使种蛋快速升温，有利于孵化率的提高。

2. 孵化器使用的具体操作

（1）种蛋码盘及消毒。将种蛋钝端向上，锐端向下放置在蛋盘上即码盘，种蛋码盘后放入孵化器内的过程叫作入孵，入孵过程结束之后需要对种蛋进行熏蒸消毒，再进行孵化。同时要对蛋盘进行标号并记录入孵、照检、移盘和出雏日期等，填写孵化进程表。大型孵化场多采用整批孵化，一般于 16：00—17：00 上架孵化，以保证多数种蛋出雏时间集中在白天。如果孵化室内气温较低，则上蛋后应打开孵化器的辅助加热开关，加速升温，以免影响胚胎的发育，待机内温度接近孵化要求温度时即关闭辅助电热器。

（2）孵化机的日常管理。一是观察控温控湿情况，在孵化期间，应经常检查孵化器和孵化室的温度、湿度情况，观察机器对温度、湿度的灵敏程度，有超温或降温时，应及时查明原因检修和调节。二是孵化机内水盘每天加温水 1 次，干湿球温度计的纱布应每出雏 1 次更换 1 次。三是观察通风换气与翻蛋情况，定期检查孵化器进气孔、出气孔开闭情况。根据种蛋孵化胚龄调节通风换气量，注意翻蛋时间和翻蛋角度，观察孵化器上显示的翻蛋次数，停电时要手动翻蛋。四是孵化期间如遇停电，大型孵化场应自备发电机进行发电，小型孵化场则在停电时可采用火炉加热，将孵化室温度升温到 37 ℃左右，打开全部机门，每隔 1 h 翻蛋 1 次，同时在地面上喷洒热水，以调节湿度，若停电不超过 4 h，则不必升温加热。

（3）凉蛋。孵化后期胚蛋自身产生的热量增加，易造成孵化器高温，因此需要人工降温，对鸡蛋孵化一般不凉蛋，鸭蛋、鹅蛋孵化 18 d 后，须每天凉蛋 2~3 次，每次凉蛋 20~30 min。

（4）照蛋。照蛋是检查胚胎发育状况和调节孵化条件的重要依据。鸡蛋头照的时间一般为孵化后 5~6 d，二照的时间一般为孵化后 19 d。不同阶段的胚蛋照蛋特征不同。

（5）移盘。在孵化至 19 d 或有 1% 的种蛋轻微啄壳时，将胚蛋转入出雏盘，等待出雏，称为移盘。移盘后停止翻蛋，并将出雏温度调整到 37.2 ℃，相对湿度调高到 75%。

（6）出雏。鸡蛋孵化至 20 d 左右开始出雏。出雏期应保持孵化室、孵化器内较高的湿度，必要时可在地面洒水，出雏期应关闭照明灯，以免雏鸡骚动影响出雏，每隔 4~6 h 检雏 1 次，将绒毛已干的雏鸡和空蛋壳拣出，对不能自然出雏的可人工助产，但不可撕破尿囊膜，防止尿囊血管出血。

（7）初生雏鸡的管理。初生雏鸡应立即进行分级、雌雄鉴别，注射马立克氏病疫苗，并将雏鸡置于 22~25 ℃暗室中准备接运。

（8）孵化器和出雏器的清洗与消毒。出雏完结后将水盘、出雏盘取出，清理孵化器底部，并清洗、消毒、晾干，出雏器、出雏盘等各种用具可采用甲醛、高锰酸钾熏蒸消毒，以备下次使用。

在整个 21 d 的孵化过程中，需要同学们发挥吃苦耐劳、甘于奉献的精神和认真负责、勇于担当的精神，感受过程的艰辛，体会新生的喜悦。

## 二、材料准备

（1）收集当地养殖户主要采用的孵化方式，总结孵化率高的经验，为人工孵化做准备。

（2）收集孵化的相关资料，收集不同家禽的孵化期长短和条件控制要点。

（3）收集孵化器使用的相关资料，收集常见的孵化器种类及其优缺点。

## 三、人员准备

人员分组，每组 5 人，明确职责分工（表 2–8）。

表2–8 人员分工表

| 任务角色 | 任务内容 |
| --- | --- |
| 组长： | 任务： |
| 组员 1： | 任务： |
| 组员 2： | 任务： |
| 组员 3： | 任务： |
| 组员 4： | 任务： |

## 任务筹划

**（一）内容筹划**

明确调查项目，确定重点调查人工孵化的使用率及孵化率。

**（二）方法筹划**

认真思考如何才能获取更好的信息，怎样才能将这些资料和成功经验进行加工编纂，形成提高孵化率的小妙招。

**（三）流程筹划**

第一步：深入学习调查人工孵化技术。

第二步：调查当地养殖户使用人工孵化存在的问题。

第三步：收集孵化率高的成功经验。

第四步：为养殖户总结提高孵化率的小妙招。

## 任务实施

步骤一：

步骤二：

步骤三：

步骤四：

任务总结：

## 任务检测

请扫描二维码答题。

## 任务评价

根据任务完成情况，对展示成果做出评价（表 2–9）。

**表2–9　工作任务完成过程评价表**

班级：__________　组别：__________　姓名：__________

| 项目 | 评分标准 | 分值 | 自我评价 | 小组评价 | 教师评价 |
|---|---|---|---|---|---|
| 内容评价 | 1. 讲解孵化器的构造 | 15 | | | |
| | 2. 讲解孵化器的使用 | 20 | | | |
| | 3. 讲解孵化器使用的具体步骤 | 15 | | | |
| 实操技能 | 1. 能够调试并使用孵化器 | 15 | | | |
| | 2. 孵化器运转相关信息的收集 | 5 | | | |
| | 3. 对于收集信息的整合和分析 | 5 | | | |
| | 4. 演讲表达准确、流畅、自然，简单易懂 | 15 | | | |
| 思政素养 | 1. 能系统筹划安排各个环节，追求卓越，精益求精 | 5 | | | |
| | 2. 能够认真细致地完成任务 | 5 | | | |
| 合计 | | 100 | | | |
| 自我评价与总结 | | | | | |
| 教师点评 | | | | | |

课程 思政专栏

## 鸡苗孵化器"孵"出致富新希望

一般来说，鸡的人工孵化主要依赖于温度、湿度、通风等因素，其中温度是最重要的因素，需要根据不同的孵化阶段进行调整。在民国时期，甚至出现过用人体体温孵化小鸡的方法，即用网围身，把卵藏在腹部，利用腹部热度孵化小鸡。随着科技的发展，国外已经开始使用流水线孵化小鸡，通过保温箱和自动翻转设备，让每个鸡蛋保持恒温，提高孵化效率，缩短孵化时间。这种方法比起传统母鸡孵化的效率提高了几百倍，能够最大限度地缩短孵化时间。

为巩固拓展脱贫攻坚成果同乡村振兴有效衔接，博乐市小营盘镇提出以产业发展促增收，以产业发展保稳定，把家庭农场发展为集孵化、养殖、种植、加工于一体的综合农场，大力支持不能外出务工的农户在家发展产业，拓宽增收渠道。

蒋某是小营盘镇当合尔特布拉格村的一名村民，于1997年建立了种鸡孵化场，他抓住这个机遇，从开始引进了4台孵化机到现在的15台，年孵化鸡苗100万只，种鸡1万只，全部以订单合同的方式销售至各地，为当地养殖产业提供更多更优质鸡苗的同时，也为附近村民提供了就业机会。

博乐市小营盘镇哈热根特托哈村村民赵某说："孵化场还安装了停电报警装置及发电机，他们的鸡苗成活率特别高，解决了不少农户买不到鸡苗的问题，今天我准备再拿6 000只鸡苗回去养殖。"

蒋某介绍，目前公司员工全部是附近村庄的村民，他们大多因为年龄偏大或者在家带孩子无法外出务工，公司租用村民的土地，再为他们提供就业岗位，把种地的双手解放出来，工作轻松点，钱还能多赚点，也不耽误照顾孩子与老人。因地制宜发展产业，让更多的村民日子越过越好，推动群众增收。

（来源："博尔塔拉组织工作"微信公众号）

【启示】产业振兴是乡村振兴的重中之重，因为产业振兴是乡村全面振兴的基础和关键。"产业兴旺、生态宜居、乡风文明、治理有效、生活富裕"是实施乡村振兴战略的总要求，乡村振兴是包括产业振兴、人才振兴、文化振兴、生态振兴、组织振兴的全面振兴，其中最重要、最根本、最关键的是产业振兴。

# 任务五　孵化条件的控制

## 任务导入

种蛋孵化率的高低不只与种蛋质量有关，和技术人员的孵化技术也有很大关系，在孵化过程中如果没有掌握好孵化器内的温度、湿度等关键因素，会造成雏鸡畸形及死亡等。

作为养殖农户，只有深入了解并掌握种蛋孵化条件及其控制要点，才能在实践中不断提高孵化成功率，确保新生雏禽健康活泼，让养殖事业蒸蒸日上。实际操作中还需要根据具体情况灵活调整，不断总结经验教训，才能真正成为孵育生命的高手。请根据所学知识绘制思维导图，帮助养殖户详细了解种蛋孵化需要的条件及其控制要点。

## 任务工单

班级:＿＿＿＿＿＿＿＿＿＿　姓名:＿＿＿＿＿＿＿＿＿＿　学号:＿＿＿＿＿＿＿＿＿＿

| 任务名称 | 种蛋孵化条件及其控制 |
|---|---|
| 任务描述 | 任务内容：掌握种蛋孵化条件及其调节。<br>任务目的：通过学习种蛋孵化条件的控制，掌握人工孵化需要具备的条件，进而提高孵化率。<br>任务流程：首先，要明确掌握人工孵化需要的条件包括温度、湿度、通风换气、翻蛋与凉蛋；其次，要掌握各个条件出现异常时如何调节，并将5个条件的关系及主要内容以思维导图的形式呈现出来。<br>任务方法：理解各个条件的作用，掌握具体调控措施。 |
| 获取信息 | 要完成任务，需要掌握相关的知识。请收集资料，回答以下问题。<br>1. 种蛋孵化需要哪些条件?<br><br><br>2. 温度及其调节的要点有哪些?<br><br><br>3. 湿度及其调节的要点有哪些? |

（续表）

<table>
<tr><td rowspan="2">获取信息</td><td colspan="4">4. 通风及其调节的要点有哪些？</td></tr>
<tr><td colspan="4">5. 翻蛋与凉蛋的要点有哪些？</td></tr>
<tr><td>制订计划</td><td colspan="4"></td></tr>
<tr><td rowspan="6">任务实施</td><td colspan="4">按照预先制订的工作计划，完成本任务，并记录任务实施过程。</td></tr>
<tr><td>序号</td><td>完成的任务</td><td>遇到的问题</td><td>解决办法</td></tr>
<tr><td></td><td></td><td></td><td></td></tr>
<tr><td></td><td></td><td></td><td></td></tr>
<tr><td></td><td></td><td></td><td></td></tr>
<tr><td></td><td></td><td></td><td></td></tr>
</table>

## 任务准备

### 一、知识准备

品种孵化条件一般指鸡胚发育所需的温度、湿度、通风、翻蛋、凉蛋等各种孵化因素，调控好孵化条件是提高孵化率的关键。

**（一）温度的合理调节**

温度是孵化最重要的条件，必须保持适宜而稳定的孵化温度。

1. 孵化温度

孵化的适宜温度为 37.0~37.8 ℃，出雏时的适宜温度为 37.3~37.5 ℃。胚胎发育对温度有一定的适应能力，在 35~40 ℃都有一些种蛋能出雏，但过高或者过低，会导致出雏率低、弱雏多。

（1）温度较低，胚胎发育较为迟缓，出雏的时间延迟，雏禽腹部大，站立不稳，出雏率低。

（2）温度偏高，雏禽发育过快，出雏时间提前，雏禽脐带愈合不良，往往带血，有的半个蛋黄在腹腔内，半个在腹腔外，将来育雏条件不良时，容易引发脐带炎，降低雏禽的成活率。因此，只有保证适宜的温度，才能保证孵化的正常进行。

2. 看胎施温

一般情况下，凡是胚胎发育符合图谱标准，孵化效果就好，违背了胚胎发育规律，孵化效果就差。

（1）温度与胚胎发育。鸡胚第五天就可以明显看到眼点，血管占蛋面的4/5，一般观察平放蛋更为明显；鸡胚在第十天、第十一天时尿囊血管布满整个蛋的表面，是预测孵化效果的重要标志；鸡胚在第十七天时鸡胚封门，即除气室外全是黑的。这是预测孵化成败的又一显著标志。如果室温低，则胚胎发育较慢。

（2）温度与失重率。对孵化中的种蛋定期称重是看胚施温的重要参考数据。因为影响胚胎失重的首要因素是温度，温度高胚胎失重率高，温度低胚胎失重率低。种蛋在孵化期（1~18 d）的最佳失重为孵化前蛋重的12%~13%。失重小于12%或大于13%都无法获得最佳孵化率。因此，要获得好的孵化效果必须定期称重，计算胚胎的失重率，以便及时调整孵化温度及其他影响失重因素，达到最佳失重率。一般胚蛋以每天失重0.6%左右为宜。

**（二）湿度的合理调节**

1. 湿度要求

湿度是孵化的辅助因素，当湿度偏高胚胎减重量增大时，增加湿度可以起到降温和减少失重的作用，“粘胶”现象也会减少；当温度偏低，胚胎失重减少，加大湿度则没有好处，这时不但推迟胚胎出壳，还会造成胚胎失水量减少，增加“大肚子”弱雏的出现率。湿度不可过大，超过75%可造成通风不畅，胚胎由于无法正常气体交换，从而引发酸中毒，最终致使胚胎因窒息而死亡。另一方面，出壳时湿度过大，机体内细菌大量繁殖，易发生脐炎。

2. 湿度的调节原则

湿度调节要遵循“两头高，中间平”的原则。前期1~9 d为65%~70%；中期10~18 d为60%~65%；后期19~28 d为65%~70%；出雏期29~31 d为72%。前期，胚胎要形成大量的羊水和尿囊液，并且由于孵化机内温度比较高，其相对湿度也应加大；中期，为了排除羊水以及尿囊液，湿度应稍低；后期，为防止绒毛与蛋壳粘连，相对湿度应增大到与前期相同；出雏期湿度应更大些，为72%，25 d后可结合喷水来增加湿度。

出雏时，可根据啄口形状调整湿度，啄壳后洞口呈圆形、周围无裂纹，一般是湿度较小；洞口周围有部分黏液流出，一般是湿度偏大；洞口是“梅花状”，湿度适宜。

**（三）通风换气的合理调节**

在整批入孵前期，胚胎需氧少，排出二氧化碳也少，并要从外界吸收热量，前期通风换气不要过多，应以保温保湿为主。一般在入孵24 h后逐渐打开出气口，这样才能取得良好的效果。孵化后期，尤其是孵化量较大，胚胎需要大量的氧气，并排出大量的二氧化碳，此时胚胎散热较多，所以孵化后期要加强通风换气。

一般要求孵化器内氧气含量不低于21%，二氧化碳含量不超过0.5%。孵化期间，除前5~6 d以外，在其他阶段，胚胎都要和外界不断进行气体交换，特别是孵化后期，胚胎从尿囊呼吸转为肺呼吸，对氧气的需求量剧增。要特别注意，有条件的孵化场可安装充氧设备，中小型场可通过加大通风量改变场内的空气环境，如给孵化室安排风扇，孵化器进出气孔全部打开等。

### （四）翻蛋的合理调节

1. 注重前期翻蛋

前 2 周的翻蛋非常重要，尤其是第一周，对孵化效果影响最大。前期翻蛋可防止蛋内各部位彼此粘连，使胚胎各部位受热均匀，同时也增加了胚胎的运动，有利于胚胎吸收营养。

2. 翻蛋次数

孵化中的翻蛋要求是 2 h 翻 1 次，进入孵化后期停止翻蛋。

3. 翻蛋角度

翻蛋角度以水平位置前后各倾 45° 为宜，翻蛋的动作要轻、稳、慢。

### （五）凉蛋的合理调节

1. 凉蛋

凉蛋可以有效地调节湿度，很大程度地影响孵化效率。孵化前期，不需要凉蛋，中后期时，蛋温常达 39 ℃以上，由于蛋壳表面积相对小，气孔小，散热缓慢。若不及时散发过多的生理热，就影响发育或造成死胎。凉蛋可以加强胚胎的气体交换，排除蛋内的积热。孵化至 17~19 d 时，需要开箱盖，每天凉 1 次蛋，25 d 以后的胚胎，需要每天凉 3~4 次蛋以降低生理热。凉蛋的时间长短不等，根据实际情况灵活掌握。当蛋温降至 35 ℃时，继续孵化。

2. 凉蛋的方法

凉蛋时，打开前后机门彻底换气。

## 二、材料准备

（1）收集孵化需要提供的条件及其注意事项。对当地养殖户关于种蛋孵化的情况进行调查收集，明确种蛋孵化的条件及其调控措施。

（2）收集种蛋孵化的相关资料，收集自然孵化与人工孵化的优缺点，以及人工孵化的技术要点。

（3）收集种蛋孵化条件的控制的相关资料，收集人工孵化时，需要提供的条件及其控制措施。

## 三、人员准备

人员分组，每组 5 人，明确职责分工（表 2–10）。

表2–10 人员分工表

| 任务角色 | 任务内容 |
| --- | --- |
| 组长： | 任务： |

（续表）

| 任务角色 | 任务内容 |
| --- | --- |
| 组员 1： | 任务： |
| 组员 2： | 任务： |
| 组员 3： | 任务： |
| 组员 4： | 任务： |

## 任务筹划

**（一）内容筹划**

明确要调查的项目，重点调查影响孵化率的条件有哪些，如温度、湿度等。

**（二）方法筹划**

思考如何收集信息才能更好地了解关于种蛋孵化的条件及其控制方法，并对收集到的信息进行汇总分析，为养殖户提供理论指导。

**（三）流程筹划**

第一步：深入了解种蛋孵化需要提供哪些条件。

第二步：调查当地鸡场孵化的情况。

第三步：调查孵化率高的企业做法和经验。

第四步：为养殖户提供种蛋孵化的理论指导。

## 任务实施

步骤一：

步骤二：

步骤三：

步骤四：

任务总结：

## 任务检测

请扫描二维码答题。

## 任务评价

根据任务完成情况，对展示成果做出评价（表 2–11）。

**表2–11　工作任务完成过程评价表**

班级：__________　组别：__________　姓名：__________

| 项目 | 评分标准 | 分值 | 自我评价 | 小组评价 | 教师评价 |
|---|---|---|---|---|---|
| 内容评价 | 1. 体现种蛋孵化需要的条件 | 15 | | | |
| | 2. 体现各个条件的控制要点 | 20 | | | |
| | 3. 体现关键性的孵化条件 | 15 | | | |
| 技能评价 | 1. 能够说出种蛋孵化的条件 | 15 | | | |
| | 2. 收集人工孵化的相关信息 | 5 | | | |
| | 3. 对于收集信息的整合和分析 | 5 | | | |
| | 4. 思维导图整体布局合理，核心主题明确、突出，文字书写工整简洁，为养殖户提供理论指导 | 15 | | | |
| 思政评价 | 1. 能够善于总结经验，提高专业技能水平 | 5 | | | |
| | 2. 能够用系统的眼光看待孵化的各个条件，整体上把握提高孵化率的技术要点 | 5 | | | |
| 合计 | | 100 | | | |
| 自我评价与总结 | | | | | |
| 教师点评 | | | | | |

**课程思政专栏**

### 标准化孵化助推高质量发展

走进宁夏回族自治区彭阳县一家鸡苗孵化车间，12台自动化、智能化设备有序运行，朝那鸡孵化育雏工作正在火热开展。胚胎发育恒温室、出雏恒温箱等从种蛋到孵化鸡苗全流程的自动化智能设备替代了人工，大幅提升了孵化效率。

“目前朝那鸡的孵化工作已全面开展，作为企业，我们有责任，有信心，也有能力做好朝那鸡的孵化和育雏工作，为全县朝那鸡产业高质量发展做出企业应有的贡献。通过公司全体员工的不懈努力，将朝那鸡产业打造成能够有效带动地方老百姓发家致富的支柱产业。”孵化场场长介绍道。

种蛋在上孵之前，要经过分拣、分类，把畸形破蛋拣出来，然后上到孵化机里，经过熏蒸消毒，孵化11 d以后，再把无精蛋、死胚蛋分拣出来，再孵20 d 10 h就可以出壳，出壳打马立克氏病疫苗，掺点头孢，就可以进行育雏。

孵化出来的鸡雏，当天就完成拣选分拣、注射疫苗和质量检测，数十名工作人员在现场参与作业，确保即将育雏的鸡雏均为“健雏”，身体没有任何缺陷。选中的“健雏”被转移至育雏鸡舍内育雏，鸡舍采取封闭式管理，通过操控将温度、湿度、光线强弱调节至最适宜雏鸡生长的环境。

2024年彭阳县将培育“2060”朝那鸡养殖示范村100个、规模养殖场30家，力争饲养量达到125万只，启动朝那鸡全产业链项目，培育规模以上企业2家以上，推动产值从2 000万元提升至1亿元以上。

（来源：彭阳新闻）

【启示】源远流长的标准化为人类文明的发展提供了重要的技术保障。当今世界，标准化水平已成为各国各地区核心竞争力的基本要素。一个企业，乃至一个国家，要在激烈的国际竞争中立于不败之地，必须深刻认识标准对国民经济与社会发展的重要意义。

## 任务六 初生雏鸡的处理

**任务导入**

养鸡能否成功，取决于我们是否能做到最大限度地发挥鸡群高水平的遗传性能，确保鸡群健康生长发育是实现蛋鸡群高产稳产的前提。雏鸡出壳后的第一周是蛋鸡一个养殖周期的基础，这个阶段关系到蛋鸡后期生长发育和生产性能的充分发挥，非常关键。初生雏鸡的品质好坏对其以后的生长发育、前期增重以及免疫接种效果都有重大影响。请分析总结初生雏鸡需要做哪些处理，并制作 PPT，为后期蛋鸡高产奠定基础。

## 任务工单

班级：＿＿＿＿＿＿＿＿　姓名：＿＿＿＿＿＿＿＿　学号：＿＿＿＿＿＿＿＿

<table>
<tr><td>任务名称</td><td colspan="4">初生雏的处理</td></tr>
<tr><td>任务描述</td><td colspan="4">任务内容：掌握初生雏的分级、雌雄鉴别、免疫接种。<br>任务目的：通过学习初生雏鸡的处理，掌握初生雏分级和雌雄鉴别的意义，了解初生雏鸡的首次免疫接种。<br>任务流程：首先，调查了解初生雏的处理，主要包括初生雏鸡的分级、雌雄鉴别和免疫接种等内容；其次，要重点掌握初生雏鸡分级、雌雄鉴别和免疫接种的主要方法，并将以上内容做成完整的 PPT。<br>任务方法：理解初生雏鸡分级的意义，掌握初生雏雌雄鉴别的方法，了解初生雏的免疫接种。</td></tr>
<tr><td>获取信息</td><td colspan="4">要完成任务，需要掌握相关的知识。请收集资料，回答以下问题。<br>1. 如何进行初生雏鸡的分级？<br><br>2. 如何进行初生雏鸡的雌雄鉴别？<br><br>3. 需要了解初生雏鸡的免疫接种的哪些方面？</td></tr>
<tr><td>制订计划</td><td colspan="4"></td></tr>
<tr><td rowspan="6">任务实施</td><td colspan="4">按照预先制订的工作计划，完成本任务，并记录任务实施过程。</td></tr>
<tr><td>序号</td><td>完成的任务</td><td>遇到的问题</td><td>解决办法</td></tr>
<tr><td></td><td></td><td></td><td></td></tr>
<tr><td></td><td></td><td></td><td></td></tr>
<tr><td></td><td></td><td></td><td></td></tr>
<tr><td></td><td></td><td></td><td></td></tr>
</table>

## 任务准备

### 一、知识准备

#### （一）初生雏鸡的分级

1. 初生雏鸡的分级的作用

（1）对孵化效果进行评价，一般要求初生雏鸡健雏率应达到 97% 以上。

（2）将健雏、弱雏分群饲养，单独培育，可减少疾病发生，提高雏禽成活率。

2. 初生雏鸡分级

初生雏鸡分级主要依据以下几方面：雏禽活力、卵黄吸收情况、体重大小、脐带部的愈合程度以及喙、跖的色泽等。

（1）健雏。羽毛发育良好，无污浊，体重适宜，活泼好动，两脚站立稳健，蛋黄吸收良好，腹部大小适中，脐部愈合良好，干燥且被腹毛覆盖，无残痕，喙、胫、跖湿润，新鲜有光泽。

（2）弱雏。绒毛污乱，独居一隅，无活力，两眼长闭，头下垂，脚站立不稳甚至拖地，有的翅下垂，显得疲惫不堪，腹部干瘪或腹大拖地，脐部有残痕或污浊、潮湿有异臭味，如果出现脱水，则喙、胫、跖干瘪，无光泽，有时可见交叉喙、瞎眼残疾的雏鸡，这部分鸡是被淘汰的对象。

#### （二）初生雏的雌雄鉴别

1. 雏鸡雌雄鉴定的经济价值

首先，减少饲料消耗，尤其是蛋鸡，由于公鸡不产蛋，商品蛋鸡生产中公鸡没有饲养价值，而公鸡、母鸡出壳时，外貌没有明显差异。等公鸡、母鸡在外貌上出现明显差异后再进行鉴别，则公鸡已消耗大量饲料，增加蛋鸡培育成本。其次，提高母鸡的成活率和均匀度，公母混群饲养，由于相互干扰，会降低母鸡培育质量，而公母分群饲养则可根据公母生长特点、对营养要求的不同进行合理饲养。这在肉鸡生产中也有重要的养殖价值。同时节省养殖成本，降低饲养密度。

2. 雏鸡雌雄鉴定的方法

雏鸡雌雄鉴别，有利于蛋肉鸡养殖场合理饲养，对于提高设备利用率、扩大生产、减少劳力、降低生产成本、提高经济效益都有很重要的意义。目前，我国大部分养鸡场一般采用翻肛鉴别法、羽速羽色鉴别法、照蛋鉴别法或分子水平鉴别法来鉴定鸡的性别。

（1）翻肛鉴别法。翻开初生雏鸡的肛门，在泄殖腔口下方的中央有微粒状的突起，称为生殖突起，其两侧斜向内方有呈八字状的皱襞，称八字皱襞。公雏的生殖突起充实，轮廓明显，八字皱襞发达，表面紧张而有光泽，富有弹力，经压迫也不变形，受刺激易充血；母雏生殖突起不充实或有萎缩感，八字皱襞不发达，突起不明显，表面软且无弹性，受刺激不易充血。翻肛鉴别的适宜时间在雏鸡出壳 12 h 以内，超过 12 h 后，肛门周围肌肉较紧，不容易翻开，而且生殖突起会改变性状不易鉴别。

（2）羽速羽色鉴别法。利用伴性遗传原理，根据羽毛生长速度与羽绒颜色鉴别初生雏鸡的雌雄性别。羽速鉴别是指用慢羽母鸡配快羽公鸡，所生后代公雏均为慢羽（出生时缺少主翼羽或主翼羽比副主翼羽短或一样长），母雏均为快羽（主翼羽比副主翼羽长）。羽色鉴别是指用带银白色基因的母鸡配金黄色基因的公鸡所生后代公雏均为浅色羽毛，母雏均为深色羽毛，背部和眼部周围颜色更深。

（3）照蛋鉴别法。利用照蛋灯透视孵化到第三天的鸡胚，可以看到胎盘卵黄囊血管；照第四天的鸡胚，卵黄囊血管呈蜘蛛状，因此利用照蛋法观察第三天至第三天半的胚胎血管可对胚胎进行雌雄鉴别。通常公雏的血管粗大、对称；母雏的纤细、不对称。该鉴定方法操作简单，节省孵化时间和成本，但误差大，不适合在生产中推广应用。

（4）分子水平鉴别法。分子水平鉴定雏鸡公母有流式细胞仪法、Embrex 方法和 PCR（聚合酶链式反应）方法，PCR 方法是实验室中鉴定家禽性别较常用的方法。

在实验过程中，为了保证实验数据的精确性，通过提取鸡胚或雏鸡的部分组织进行分子水平性别鉴定。该检测技术比较成熟，不仅缩短了检测时间，而且节约了成本。但只在实验室基础研究中有应用，在生产中不宜推广。

当前，1 日龄雏鸡的鉴别多采用翻肛鉴别法、羽速羽色自别雌雄法。后一种鉴别法操作简单，但主要适用于商品代鸡的鉴别；对于所有品种的原种阶段，翻肛鉴别雌雄仍是不可或缺的主要鉴别手段。

#### （三）初生雏鸡的免疫接种

初生雏鸡出壳第一天应接种马立克氏病疫苗，其目的是预防鸡马立克氏病。鸡马立克氏病的病原为鸡马立克氏病毒，1 日龄雏鸡出壳后即可感染，一般发病于 2~5 月龄。

### 二、材料准备

（1）收集初生雏鸡的处理措施，即初生雏鸡出壳后需要立即采取哪些措施才能提高后期的生产效益。

（2）收集初生雏鸡雌雄鉴别的相关资料，收集初生雏鸡雌雄鉴别的方法及其原理。

（3）收集初生雏鸡免疫接种的相关资料，收集初生雏鸡需要完成的疫苗种类及其接种方法。

### 三、人员准备

人员分组，每组 5 人，明确职责分工（表 2-12）。

表2-12 人员分工表

| 任务角色 | 任务内容 |
|---|---|
| 组长： | 任务： |
| 组员 1： | 任务： |
| 组员 2： | 任务： |
| 组员 3： | 任务： |
| 组员 4： | 任务： |

## 任务筹划

**（一）内容筹划**

明确要调查的项目，重点确定初生雏鸡出壳后需要立即采取哪些措施才能提高后期的生产效益。

**（二）方法筹划**

收集大量材料，认真思考如何才能获取关于初生雏鸡管理的信息，哪些渠道能更好地获取信息资料，并对这些资料进行分析总结，为后期蛋鸡的生产提供基础。

**（三）流程筹划**

第一步：深入了解初生雏鸡的管理任务。

第二步：调查当地养鸡场对刚运输进来的雏鸡会做哪些特殊处理。

第三步：调查初生雏鸡处理的意义。

第四步：为后期蛋鸡生产奠定基础。

## 任务实施

步骤一：

步骤二：

步骤三：

步骤四：

任务总结：

## 任务检测

请扫描二维码答题。

## 任务评价

根据任务完成情况，对展示成果做出评价（表 2–13）。

**表2–13 工作任务完成过程评价表**

班级:____________ 组别:____________ 姓名:____________

| 项目 | 评分标准 | 分值 | 自我评价 | 小组评价 | 教师评价 |
|---|---|---|---|---|---|
| 内容评价 | 1. 体现初生雏鸡的分级 | 15 | | | |
| | 2. 体现初生雏鸡雌雄鉴别的方法 | 20 | | | |
| | 3. 体现初生雏鸡的免疫接种 | 15 | | | |
| 技能评价 | 1. 能够提供识别健雏和弱雏方法 | 15 | | | |
| | 2. 初生雏鸡处理的相关信息的收集 | 5 | | | |
| | 3. 对于信息的整合和分析 | 5 | | | |
| | 4. PPT 内容表述简洁明确，内容重点突出 | 15 | | | |
| 思政评价 | 1. 明白基础的重要性，基础是任何事物的关键 | 5 | | | |
| | 2. 能够重视竞争，只有不断超越自我，才能赢得胜利 | 5 | | | |
| 合计 | | 100 | | | |
| 自我评价与总结 | | | | | |
| 教师点评 | | | | | |

课程思政专栏

## 生态放养鸡　“啄”开致富门

好山好水好生态，养鸡养出致富路。走进陇南市两当县泰山乡香林村就可以看到，一片郁郁葱葱的树林里，掩映着十几间鸡舍。棚内，密密麻麻的鸡群，有的嬉闹，有的啄食；棚外，圈地散养的生态放养鸡在树下自得其乐，竞相觅食，鸡鸣声此起彼伏，一幅生机勃勃的林下生态养殖图景映入眼帘。

乡村振兴，产业发展是关键。近年来，两当县泰山乡按照全县农业优先型经济发展定位，以三年倍增行动和增收富民为目标，依托当地丰富的林下资源优势，因地制宜，鼓励群众大力发展特色养殖业，推动生态放养鸡养殖向专业化、标准化、规模化发展，为乡村振兴注入新“活力”。

**把握一个“高”字，以奖补政策作引领**

泰山乡按照《两当县生态放养鸡等产业发展奖补实施方案》政策要求，持续推动“生态资本”转化为“富民资本”。同时，依托自身优势，以发展适度规模养殖为抓手，以“小群体、大规模”养殖模式着力发展生态放养鸡产业。目前，当地42%的农户饲养生态放养鸡，预计可实现人均增收2 000余元。

“县上的产业奖补政策很好，不仅每只蛋鸡苗有奖补，而且新建的标准化鸡舍也有奖补，极大减轻了养殖成本投入，现在掏一样多的钱我可以养更多的鸡！”李山村养殖户白自发高兴地说。

**瞄准一个“新”字，以创新服务作动力**

依据当地生态资源优势及大部分农户历来喜于养鸡的习惯，在引导群众发展生态放养蛋鸡产业上，泰山乡采取“四统一”服务（统一购买鸡苗、统一鸡舍标准、统一技术指导、统一产品销售）的方式，通过政策扶持和服务引导，使群众思想观念有了新的认识，发展思路有了新的突破，产业结构不断优化，生态放养鸡产业得到长足发展，有力助推乡村振兴。

“绿壳鸡蛋蛋清透明黏稠度高，蛋黄呈橙红色，口感柔滑细腻，保鲜期较长，深受消费者的喜爱。今年鸡蛋都被早早预订出售，对于今后的养殖发展之路，我充满信心。”同心村养殖大户杨培全言语中流露出一股不服输的干劲儿。

**坚持一个“实”字，以强化管理作保障**

泰山乡通过定期组织召开生态放养鸡工作推进调度会，实行“一月一调度”制度，建立工作台账，研究解决生态放养鸡产业发展中遇到的困难和问题，且不定期组织养殖户学习蛋鸡养殖、鸡病防治、雏鸡培育等知识，帮助农户订购优质鸡苗，联系实行订单养殖，解决养殖户的后顾之忧。积极引导农户以家庭为阵地、房前屋后空地为载体，大力发展“家庭式”养殖产业，进一步拓宽增收致富渠道。

“生态放养鸡放养场地林草植被好，水源清洁，环境安静无污染。放养后鸡肉肉质细嫩，口感鲜美，风味独特，非常受成都市、重庆市客商喜爱，去年的生态放养鸡差不多都销售给他们了，只算利润有近 20 万元。我计划今年新增养殖 2 万羽左右。”中山村养殖合作社负责人杨榕楠满脸洋溢着笑容。

两当县泰山乡以市场需求为导向，充分利用当地资源优势，因地制宜发展生态放养鸡特色产业，帮助村民就地就近就业、增收致富，为乡村振兴注入强劲动能。

（来源：“甘肃省农业农村厅”微信公众号）

**【启示】**生态养殖是我国养殖业大力提倡的一种生产模式，其核心思想就是遵循生态学规律，将生物安全、食品安全、高效生产、低碳排放和可持续发展等融为一体，发展健康养殖，维持生态平衡，降低环境污染，提供放心动物食品。生态养殖是一种以低消耗、低排放、高效率为基本特征的可持续畜牧业发展模式。生态养殖解决的是当前中国养殖业最重大的四个问题：资源瓶颈、环境污染、食品安全与养殖业自身的可持续发展。

# 项目三 蛋鸡生产

## 项目导读

我国是全球第一大鸡蛋生产国和消费国。随着人们对食品安全的关注度越来越高，蛋鸡安全生产成为农业生产中的重要环节。为了确保蛋鸡产品的质量和安全性，需要掌握关键的生产技术。蛋鸡的饲养环境是影响蛋鸡安全生产的重要因素之一。蛋鸡需要一个干净、通风良好的饲养环境，以避免疾病传播和生产环境污染。应定期清洗蛋鸡舍，保持饲养环境的卫生。此外，合理设置蛋鸡舍的温度、湿度和光照等参数，也是确保蛋鸡安全生产的重要手段。饲料的安全性对蛋鸡生产至关重要。应购买正规渠道的饲料，并保证饲料的质量。饲料中应含有适量的营养物质，以满足蛋鸡的生长和产蛋需求。同时，养殖户还需要注意饲料的保存和使用方式，避免饲料发霉、变质等情况的发生。疾病防控是蛋鸡安全生产的关键环节。蛋鸡容易受到感染，因此需要定期对蛋鸡进行疾病检测，并及时采取相应的防治措施。加强蛋鸡的免疫工作，按照免疫程序进行疫苗接种，以提高蛋鸡的抵抗力。

## 知识目标

①了解雏鸡、育成鸡、产蛋鸡的生理特点。
②掌握产蛋鸡产蛋规律和各阶段饲养管理要点。
③理解育成鸡性成熟的控制要点和产蛋曲线的绘制及意义。

## 技能目标

①能够明确目标，制订计划和行动步骤，提高决策能力和解决问题的能力。
②深入研究，在学习和实践中，按照一定的顺序和步骤进行，以达到更好的效果。

## 素质目标

①培养学生形成良好的学习习惯和方法，熟悉并掌握蛋鸡在不同生长阶段的需求和饲养管理技术要点。

②帮助学生提高学习能力，提高学习效率和成果。

# 任务一　雏鸡的选择

## 任务导入

雏鸡质量的好坏是决定养殖成败和经济效益高低的关键因素。蛋鸡养殖作为畜牧业的主导产业，在农业增效、农民增收、改善城乡居民生活方面起到了重要作用，已经形成了完整的产业链。蛋鸡高效养殖作为一项系统工程，养殖成功与否，高质量雏鸡选择是最关键的环节。请分析如何选择蛋用型雏鸡，正确选择蛋鸡雏鸡的关键措施有哪些，并绘制成思维导图，供养殖户学习。

## 任务工单

班级：____________　姓名：____________　学号：____________

| 任务名称 | 雏鸡的选择 |
|---|---|
| 任务描述 | 任务内容：掌握雏鸡选择的主要内容。<br>任务目的：通过学习雏鸡的选择，了解雏鸡对后期生产的重要性。<br>任务流程：首先，调查明确雏鸡选择的依据；其次，分析各选择依据的重要性及顺序；最后，绘制雏鸡选择的思维导图。<br>任务方法：理解雏鸡选择的主要内容，学会选择合适的饲养品种，提高生产效益。 |
| 获取信息 | 要完成任务，需要掌握相关的知识。请收集资料，回答以下问题。<br>1. 雏鸡选择的主要内容有哪些？<br><br><br>2. 如何根据品种选择雏鸡？<br><br><br>3. 如何根据种鸡场选择雏鸡？ |

（续表）

<table>
<tr><td>获取信息</td><td colspan="4">4. 如何根据引进雏鸡的时间选择雏鸡?<br><br>5. 如何根据雏鸡的状况选择雏鸡?</td></tr>
<tr><td>制订计划</td><td colspan="4"></td></tr>
<tr><td rowspan="6">任务实施</td><td colspan="4">按照预先制订的工作计划，完成本任务，并记录任务实施过程。</td></tr>
<tr><td>序号</td><td>完成的任务</td><td>遇到的问题</td><td>解决办法</td></tr>
<tr><td></td><td></td><td></td><td></td></tr>
<tr><td></td><td></td><td></td><td></td></tr>
<tr><td></td><td></td><td></td><td></td></tr>
<tr><td></td><td></td><td></td><td></td></tr>
</table>

## 任务准备

### 一、知识准备

#### （一）品种选择

海兰褐、罗曼褐等是国内外最优秀的褐壳蛋鸡品种，罗曼粉、海兰灰等是国内外最优秀的粉壳蛋鸡品种。一般而言，北方地区习惯于饲养褐壳蛋鸡。如果以卖精品蛋、品牌蛋为主的养殖者，选择“农大 3 号”比较适宜。通常情况下，采食量大的褐壳蛋鸡饲养管理比较容易；采食量小，对营养要求较高的“农大 3 号”等饲养难度较大。初始养鸡的往往经验不足，最好选择容易饲养的褐壳蛋鸡品种。

#### （二）种鸡场选择

1. 调研种鸡场的信誉度

对饲养某个种鸡场雏鸡 2~3 批以上的规模养殖户（场）进行实地考察，调研这些场（户）对雏鸡的质量、产蛋情况、服务情况的反馈情况，掌握目标种鸡场的鸡只情况。

2. 调研种鸡场的位置

选择离村庄、化工厂、屠宰场、养殖场位置较远，符合国家对生物安全、防疫、治污等要求，具有畜禽生产经营许可证、动物卫生合格证的正规种鸡场。

3. 调研种鸡场的规模

规模太小的种鸡场，难以提供同日龄、同批次母鸡所产的种蛋入孵的商品雏鸡。而饲养规模太大的种鸡场，则会把不同日龄的种蛋混孵，造成鸡雏的种蛋来源不一，抗体水平不整齐，也容易带来多种致病微生物。所以，当养殖规模较大、一次性进雏鸡太多时，要考虑到种鸡场的规模，否则养殖效益会受限于种鸡场。

4. 调研种鸡场的养殖档案

正规的种鸡场引种证明、每批次种鸡的日常管理都会有非常完整清晰的记录，查阅养殖档案资料，可对种鸡场的管理水准有一个大致的评价。

5. 调研种鸡场与自己鸡场的距离

在保证种鸡场安全距离的前提下，运输时间越短越好，保证当天的雏鸡当天运到，否则长途运输会加大饲养难度。

6. 调研种鸡场的种鸡情况

（1）关注种鸡场的种鸡日龄，看有没有32~45周龄的种鸡，这些“年轻”的种鸡后代往往比较优秀。

（2）看种鸡引种时间，夏季酷暑、疫病流行时节引进的种鸡，一般都体质不太好。

（3）关注种鸡健康状况，多方了解该种鸡场白痢和白血病净化、马立克氏病免疫及老用户的反馈情况。

**（三）引进雏鸡的时间**

一般情况下，养殖者最好避免在炎热的4—7月引进鸡雏。天气炎热时节无论种鸡还是育雏，养殖难度都很大，育雏、育成鸡难以达标。

体质相对较差，体重难以达标的鸡，恰恰赶上疫病容易流行的12月至翌年4月，这些不利因素的叠加无疑会加大养殖风险。

一般在较冷的11月至翌年的1月底引进鸡雏，不仅疫病风险小，而且育成的蛋鸡在整个产蛋高峰期，蛋价都在高位运行，一般养殖效益也相对较好。

**（四）引进雏鸡的状况**

1. 查看雏鸡的均匀度

1日龄时雏鸡均匀度越高越好，以90%以上为好，低于70%的饲养难度会加大。

2. 看雏鸡的健康情况

（1）力道：提起雏鸡双爪，鸡能迅速“引体向上”把头抬到脚爪高度，为体质好的雏鸡，否则为弱雏。

（2）硬度：用手拨动箱内的雏鸡头部，感觉硬且撞击手掌有力的为体质好雏鸡，否则为弱雏。

（3）外形：健康的雏鸡眼明、毛齐、无残疾、肤色润泽、反应灵敏，凡是有残疾的，应坚决淘汰。

（4）叫声：好雏鸡叫声响亮有力，而弱雏叫声凄惨低沉。

## 二、材料准备

（1）收集雏鸡选择的主要依据。雏鸡是蛋鸡生产的关键，收集大量资料思考分析雏鸡的选择需要从哪些方面着手。

（2）收集雏鸡选择的方法及考虑的因素的相关资料。

（3）收集雏鸡选择对后期生产意义的相关资料。收集雏鸡质量与后期生产之间的关系相关的资料。

## 三、人员准备

人员分组，每组 5 人，明确职责分工（表 3–1）。

**表3–1　人员分工表**

| 任务角色 | 任务内容 |
| --- | --- |
| 组长： | 任务： |
| 组员 1： | 任务： |
| 组员 2： | 任务： |
| 组员 3： | 任务： |
| 组员 4： | 任务： |

## 任务筹划

**（一）内容筹划**

明确要调查的项目，重点调查成活率高的雏鸡是靠什么途径选择的。

**（二）方法筹划**

认真思考如何才能获取更好的信息，了解提高雏鸡成活率的关键因素，并对这些资料进行思考总结，为养殖户后期蛋鸡生产奠定基础。

**（三）流程筹划**

第一步：深入了解雏鸡选择的意义。

第二步：调查成活率高的养殖场雏鸡饲养情况。

第三步：调查雏鸡成活率高的主要措施。

第四步：为养殖户后期的蛋鸡生产奠定基础。

## 任务实施

步骤一：

步骤二：

步骤三：

步骤四：

任务总结：

## 任务检测

请扫描二维码答题。

## 任务评价

根据任务完成情况，对展示成果做出评价（表 3–2）。

**表3–2 工作任务完成过程评价表**

班级：______ 组别：______ 姓名：______

| 项目 | 评分标准 | 分值 | 自我评价 | 小组评价 | 教师评价 |
| --- | --- | --- | --- | --- | --- |
| 内容评价 | 1. 体现雏鸡的选择意义 | 15 | | | |
| | 2. 体现雏鸡选择的方法 | 20 | | | |
| | 3. 体现雏鸡选择的关键要素 | 15 | | | |
| 技能评价 | 1. 能够识别健雏和弱雏 | 15 | | | |
| | 2. 雏鸡选择相关信息的收集 | 5 | | | |
| | 3. 对于收集信息的整合和分析 | 5 | | | |
| | 4. 思维导图整体布局合理，核心主题明确、突出，文字书写工整简洁，为后期蛋鸡生产奠定基础 | 15 | | | |

（续表）

| 项目 | 评分标准 | 分值 | 自我评价 | 小组评价 | 教师评价 |
|---|---|---|---|---|---|
| 思政评价 | 1. 能循序渐进地完成各项工作 | 5 | | | |
| | 2. 能够细致认真地分析资料 | 5 | | | |
| 合计 | | 100 | | | |
| 自我评价与总结 | | | | | |
| 教师点评 | | | | | |

**课程思政专栏**

## 雏鸡送进家　增收致富“开新花”

为持续巩固脱贫攻坚成果，助力乡村振兴，土龙山镇政府为有意愿发展庭院养殖的脱贫户免费发放雏鸡，依托庭院“小经济”助力乡村“大振兴”，有效促进脱贫人口持续稳定增收。

土龙山镇政府始终把增加脱贫户收入作为重点任务，积极探索庭院经济发展新模式，挑选优质的鸡雏和精良饲料，深入各村为有庭院养殖意愿的脱贫户进行免费发放，切实把“钱袋子”送到每个脱贫户的手中，不仅拉近了帮扶干部与群众的距离，也给脱贫户带来物资上的支持，更激发了脱贫户发展养殖业激情，引导其依靠双手致富，用自己的辛勤劳动增加经济收入，改善生活状况，预计 2023 年单项养殖可实现户均净增收 1 500 元，真正实现授之以“鱼”向授之以“渔”的转变，持续拓宽增收致富新路子。

（来源：“和谐土龙山”微信公众号）

**【启示】**路虽难，行则将至，任何新事物面前，都要敢于尝试，敢于行动，固定在自己的舒适区内可能感觉安全，但真正的成长往往发生在未知领域，以实际行动帮助脱贫群众拓宽增收渠道，坚持外部帮扶与群众主体相结合，为实现乡村振兴共同富裕奠定坚实基础。

# 任务二　蛋鸡场的设计

## 任务导入

改革开放以来，畜牧业快速发展，以庭院养殖、副业生产、分散经营为特征的传统蛋鸡养殖模式给食品安全、公共卫生和环境污染带来了巨大压力。如何推动蛋鸡生产转型升级，建立符合当前产业发展要求的标准化商品蛋鸡场是摆在我们面前的迫切问题。标准化商品蛋鸡场是传统蛋鸡养殖业向现代化发展的必然方向，只有养殖达到标准化、规模化、现代化，才能实现服务指导、科技应用、疫病防控、产品销售、质量控制等的系列化、专业化，保证养殖效益，保障畜产品的质量和公共卫生安全。请分析一下，养殖户在进行蛋鸡场设计时需要考虑哪些因素，并完成鸡场的设计图。

## 任务工单

班级:____________　姓名:____________　学号:____________

| 任务名称 | 蛋鸡场的设计 |
| --- | --- |
| 任务描述 | 任务内容：掌握鸡场建设规划、布局要求。<br>任务目的：通过蛋鸡场设计的学习，掌握鸡场建设规划要求，了解鸡场总体布局和场区内部布局和辅助设施建设，为后期蛋鸡的生产奠定基础。<br>任务流程：先系统掌握鸡场规划总要求，在此基础上重点掌握鸡场整体布局和内部布局，并设计完成鸡场设计图。<br>任务方法：理解理论知识，绘制蛋鸡场规划设计图。 |
| 获取信息 | 要完成任务，需要掌握相关的知识。请收集资料，回答以下问题。<br>1. 鸡场建设规划要求有哪些？<br><br>2. 鸡场总体布局要求有哪些？<br><br>3. 鸡场内部布局要求有哪些？ |

（续表）

<table>
<tr><td>获取信息</td><td colspan="4">4. 鸡场辅助设施建设有哪些？</td></tr>
<tr><td>制订计划</td><td colspan="4"></td></tr>
<tr><td rowspan="6">任务实施</td><td colspan="4">按照预先制订的工作计划，完成本任务，并记录任务实施过程。</td></tr>
<tr><td>序号</td><td>完成的任务</td><td>遇到的问题</td><td>解决的办法</td></tr>
<tr><td></td><td></td><td></td><td></td></tr>
<tr><td></td><td></td><td></td><td></td></tr>
<tr><td></td><td></td><td></td><td></td></tr>
<tr><td></td><td></td><td></td><td></td></tr>
</table>

## 任务准备

### 一、知识准备

#### （一）鸡场建设规划

1. 气候条件

从气象部门详细了解本地区最近 5~10 年内平均气温、绝对最高气温和绝对最低气温、土层冻结深度、平均降水量、最大风力、常年主要风向、各月份日照时数。

2. 位置

场址要选择交通方便、道路平坦的区域，鸡场周围环境安静，远离居民点及噪声大的工厂，远离屠宰场和医院。距主干道、动物饲养场（养殖小区）500 m 以上，距动物诊疗机构 200 m 以上，距次干道 100 m 以上。

3. 地形、地势

要求地势高且干燥，向阳背风，面南或东南方向，最好有一定坡度，以利光照、通风和排水。若在山坡、丘陵一带建场，可建在向阳坡上，但坡度不宜过大。鸡场不宜建在低洼潮湿之处，也不宜建在山顶和高坡上。场区力求方正，以减少线路和管道，尽量不占或少占耕地。

4. 土壤

土壤以排水性好、导热性差的沙质壤土为宜，另外场区地下水位应偏低。

5. 水源

场区水源充足，水质应符合饮用水卫生标准，最好打深井取水，河水和池塘水未经处理不能供鸡直接饮用。

6. 电源

电源必须稳定、可靠、充足，最好采用双路供电，否则需自备发电设备。

**（二）鸡场总体布局**

1. 蛋鸡场的基础分区

标准化蛋鸡场的场区一般可分为办公生活区、生产区、粪尸处理区等几个部分。蛋鸡场建筑物较多，必须合理布局，才能经济有效地发挥各类建筑的作用。标准化鸡场各类建筑布局总体原则：利于防疫、便于生产、减少投资等。

（1）管理区内生产辅助设施。包括更衣室及消毒通道、兽医化验室、蛋库、配电室、修理间等。生产管理设施有办公室、财务室等；生活设施有食堂、宿舍、卫生间等。

（2）生产区内设施。包括饲料房，育雏育成舍、产蛋舍等。

（3）粪尸处理区内设施。包括粪便存放棚、尸体剖检室、尸埋井或焚烧炉等。

2. 功能区排列原则

按主导风向、地势高低及水流方向依次为生活区、办公区、辅助生产区、生产区和污粪处理区。如地势与风向不一致时，则以主导风向为主。

**（三）鸡场内布局**

1. 总体规划

要综合考虑鸡舍朝向、鸡舍间距、道路、排污、防火、防疫等方面的因素。安装风机、水帘、通风小窗，采用机械清粪、机械喂料和自动光照、自动饮水系统。

2. 鸡舍朝向

采用东西走向或南偏东（或西）10° 左右，有利于提高冬季舍温和避免夏季太阳辐射，利用主导风向，以改善鸡舍通风条件为原则。

3. 鸡舍间距

分为单列鸡舍和双列鸡舍 2 种类型。鸡舍间距，育雏育成舍 10~20 m，蛋鸡舍 10~15 m。

4. 鸡场道路

鸡场道路分净道和污道 2 种，净道作为场内运输饲料、鸡群和鸡蛋之用，污道用于运输粪便、死鸡和病鸡。二者不得交叉使用。

5. 鸡舍类型

现代规模化养殖场一般采用封闭式无窗鸡舍，鸡舍内的小气候可利用各种设施进行控制与调节，以最大限度地满足鸡体最适生理要求。

**（四）鸡场辅助设施建设**

1. 鸡场大门消毒池

场区与外界要划分明确，场内不同区域及大门入口处设立消毒池。车辆消毒池长度为通过最大车辆长度的 1.3~1.5 倍。消毒池深度为 30~50 cm。

2. 鸡场道路设计

场内道路设计时要考虑运输和防疫的要求，要求净污分开，分流明确，互不交叉，排水性好，路面质量要好，道路推荐使用混凝土结构，厚度为15~18 cm，混凝土强度C20以上，道路与建筑物距离为2~4 m。场外道路面最小宽度需满足两辆中型车顺利错车，为4~8 m。

3. 供水排水设计

场区具备使用井和备用井2种，另需建设水泵房、水塔及管道。生产和生活废水采用地埋管道排出，雨水排泄要根据场内地势设计排水路线，满足下雨不积水、污水流畅的要求。

4. 场区电路设计

使用电压为220 V/380 V，应该就近选择电源，变压器的功率应满足场内最大用电负荷，机械化程度较高的鸡场必须配置备用发电机。

## 二、材料准备

（1）收集鸡场建设情况。对当地养鸡场进行调查，包括规模大小、养殖情况、养殖品种、其整体规划布局等，为后面作参考。

（2）收集鸡场规划布局的相关资料。收集选择鸡场场址需要考虑的因素及场址选择对后期生产的影响。

（3）收集鸡场内部布局的相关资料。收集场区内各建筑物排列时需要考虑的因素以及如何做好场区内防疫。

## 三、人员准备

人员分组，每组5人，明确职责分工（表3–3）。

**表3–3　人员分工表**

| 任务角色 | 任务内容 |
|---|---|
| 组长： | 任务： |
| 组员1： | 任务： |
| 组员2： | 任务： |
| 组员3： | 任务： |
| 组员4： | 任务： |

## 任务筹划

**（一）内容筹划**

明确要调查的项目，重点调查鸡场的选址特点、内部的整体规划布局、饲养规模等。

**（二）方法筹划**

思考获取以上信息更好的途径，并对收集到的资料进行汇总分析，为养殖户建场提供参考。

**（三）流程筹划**

第一步：深入了解场址的选择要求。

第二步：调查当地鸡场的规划布局。

第三步：调查鸡场内部的规划布局。

第四步：为养殖户提供参考依据。

## 任务实施

步骤一：

步骤二：

步骤三：

步骤四：

任务总结：

## 任务检测

请扫描二维码答题。

## 任务评价

根据任务完成情况，对展示成果做出评价（表 3–4）。

**表3-4 工作任务完成过程评价表**

班级:________ 组别:________ 姓名:________

| 项目 | 评分标准 | 分值 | 自我评价 | 小组评价 | 教师评价 |
| --- | --- | --- | --- | --- | --- |
| 内容评价 | 1. 体现场址的选择要求 | 15 | | | |
| | 2. 体现鸡场的总体规划布局 | 20 | | | |
| | 3. 体现鸡舍内部布局 | 15 | | | |
| 技能评价 | 1. 能够了解建鸡场的基本要求 | 15 | | | |
| | 2. 鸡场设计相关信息的收集 | 5 | | | |
| | 3. 对于收集信息的整合和分析 | 5 | | | |
| | 4. 绘制鸡场设计图符合理论要求 | 15 | | | |
| 思政评价 | 1. 能从可持续发展的角度合理规划布局 | 5 | | | |
| | 2. 能够将动物福利原则贯穿到整个规划布局中 | 5 | | | |
| 合计 | | 100 | | | |
| 自我评价与总结 | | | | | |
| 教师点评 | | | | | |

**课程思政专栏**

## 蛋鸡场的设计

近日，均桥镇江桥社区蛋鸡养殖基地引进的 10 万羽蛋鸡陆续进场，一只只蛋鸡住进了现代化的“别墅”里。走进养殖场，只见高 8 m 的养殖房内，摆放着上下 5 列 8 层的鸡笼，整个养殖场采用全自动机械化养殖设备，进行全封闭立体养殖，从饲养管理、温控调节到疫病防控，再到蛋品清洗、消毒、分级包装，全部实现自动化，在确保安心、绿色、健康、环保的同时，又可以节省人工成本，实现标准化、精细化、智能化养鸡。“今天先来 7 车蛋鸡，明天还有 6 车，预计 6 月达到产蛋高峰，平均每天可产蛋 9 万余枚，年销售收入可达 2 000 万元。”江桥社区党支部书记、主任王先剑高兴地说。

产业振兴是乡村振兴的重中之重。江桥社区从蛋鸡养殖产业切入，迈出了产业振兴的坚实一步。项目一期投产运行后，2023年实现产值300余万元。如今，项目二期即将投产，将进一步壮大村级集体经济，助推乡村全面振兴。

（来源："湖口发布"微信公众号）

**【启示】** 生态养殖应是养殖业、种植业、能源开发利用、环境、经济、社会发展综合开发的系统工程。通俗地讲，生态养殖是在一定的生态环境中，或者运用生态技术措施，按照特定的养殖模式进行养殖，目标是生产出绿色食品或有机食品。只有最好的环境，才能孕育出最好的蛋品，继续以绿色养殖为理念，以品质铸就未来为目标，扩大养殖规模，用心守护好每一枚鸡蛋的品质与安全，为消费者提供更多、更好的蛋品。

# 任务三　雏鸡的饲养管理

## 任务导入

对于养鸡业来说，雏鸡的管理非常重要，雏鸡的饲养管理情况决定了后期鸡的生长状况、疾病发生情况、经济效益获利高低，甚至对鸡场规模的扩建都有着很重要的作用。请根据已有的知识简单分析，要想养好雏鸡，农户需要知道哪些关键技术要点，并绘制思维导图。

## 任务工单

班级：____________ 姓名：____________ 学号：____________

| 任务名称 | 雏鸡的饲养管理 |
|---|---|
| 任务描述 | 任务内容：掌握蛋鸡的生产阶段，了解雏鸡的生理特点，掌握雏鸡的饲养管理技术。<br>任务目的：通过雏鸡饲养管理的学习，掌握蛋鸡生产阶段的划分，了解雏鸡的生理特点，制定合理的饲养管理程序。<br>任务流程：首先，系统掌握蛋鸡的生产阶段包括哪些；其次，重点掌握雏鸡的生理特点，在此基础上深入理解雏鸡的饲养管理技术要点；最后，绘制出雏鸡饲养管理的思维导图。<br>任务方法：理解雏鸡的生理特点，根据生理特点实事求是，制定合理的饲养管理程序。 |

（续表）

<table>
<tr><td rowspan="1">获取信息</td><td colspan="4">要完成任务，需要掌握相关的知识。请收集资料，回答以下问题。<br>1. 蛋鸡阶段如何划分？<br>2. 雏鸡的生理特点有哪些？<br>3. 育雏的方式有哪些？<br>4. 如何对雏鸡的饲养进行管理？<br>5. 如何对雏鸡进行断喙？</td></tr>
<tr><td>制订计划</td><td colspan="4"></td></tr>
<tr><td rowspan="6">任务实施</td><td colspan="4">按照预先制订的工作计划，完成本任务，并记录任务实施过程。</td></tr>
<tr><td>序号</td><td>完成的任务</td><td>遇到的问题</td><td>解决的办法</td></tr>
<tr><td></td><td></td><td></td><td></td></tr>
<tr><td></td><td></td><td></td><td></td></tr>
<tr><td></td><td></td><td></td><td></td></tr>
<tr><td></td><td></td><td></td><td></td></tr>
</table>

## 任务准备

### 一、知识准备

#### （一）蛋鸡阶段的划分

不同阶段蛋鸡生理特点、生长发育和规律均不同，鸡群对营养需求和环境控制要求也不同，这就要求我们对蛋鸡的生理阶段进行划分，制订精细的饲养方案，做到科学饲养管理。目前普遍使用三阶段划分法：育雏期（0~6 周龄），育成期（7~20

周龄），产蛋期（21~72周龄）。不同的品种，我们都可以按照三阶段进行划分，但是具体的数据因品种而异。

**（二）雏鸡的生理特点**

1. 发育生长迅速

雏鸡出壳体重为40 g左右，6周龄体重会达到400 g左右，42 d体重增长10倍左右。这个阶段雏鸡代谢旺盛，生长发育迅速。应严格按照雏鸡营养标准满足其营养需要，否则会影响雏鸡的正常生长发育，甚至导致雏鸡免疫力下降。例如缺少锰，雏鸡易得溜腱病。

2. 体温调节机能弱

雏鸡绒毛稀而短，保温能力差；自体产热能力也比较弱，散热速度大于成年鸡；雏鸡3周龄左右体温调节机能才逐步完善，机体产热能力增强，绒羽脱换、新羽毛生长之后体温逐渐处于正常，10周龄后体温才接近成年鸡。

3. 消化机能未健全

雏鸡代谢旺盛、发育生长快，但消化器官容积小，消化机能差，特别是对粗纤维消化差。营养上应给予粗纤维含量低、易消化、营养全面而平衡的日粮。少喂勤添，适当增加饲喂次数（5~7次/d）。

4. 抗病力差

雏鸡体弱娇嫩，对疾病抵抗力弱，易感染疾病，如鸡白痢、鸡大肠杆菌病、鸡法氏囊病、鸡球虫病、慢性呼吸道疾病等。应严格控制环境卫生，做好保温，做好疾病预防（免疫接种与投药预防是两条关键措施）。

5. 胆小，群居性强

雏鸡比较敏感，胆小怕惊吓。应保持其生活环境的安静，避免噪声或突然受到惊吓；非饲养员最好不要接近育雏处。雏鸡喜欢群居，便于大群饲养管理，有利于节省人力、物力和设备。

6. 羽毛更新速度快

后备鸡羽毛生长极为迅速，在4~5周、7~8周、12~13周、18~20周龄分别脱换1次羽毛。羽毛中蛋白质含量为80%~82%，为肉中蛋白的4~5倍。因此，雏鸡对日粮中蛋白质，特别是硫氨基酸含量要求高。

**（三）育雏方式**

1. 平面育雏

平面育雏指的是在水泥地面上培育雏鸡，地面上铺设垫料，垫料厚度为20~25 cm。垫料要求干燥、保暖、吸湿性强、柔软、不板结。常用锯末、麦秸、谷草等。育雏成本低，条件要求不高，但易发生疾病。

2. 网上育雏

将鸡饲养在距地面50~60 cm高的铁丝网（镀锌）或塑料垫网上。网眼尺寸为12 mm × 12 mm，粪尿混合物可直接掉于地面。可有效控制白痢、球虫病暴发，但投资较大，技术要求较高。

3. 立体笼式育雏

将雏鸡饲养在 3~5 层育雏笼内，育雏笼由镀锌或涂塑铁丝制成，网底可铺塑料垫网，四周挂料桶和水槽。该法是大型养鸡场常用的一种育雏方式。饲养密度大，热源集中，易于保温，雏鸡成活率高。但投资较大，且上下层温差大，日龄小的雏鸡应移到上层饲养。

**（四）雏鸡的饲养**

1. 饮水

初饮是雏鸡第一次饮水，一般饮水后 1~2 h 再开食。充足清洁的饮水是雏鸡健康生长和新陈代谢的重要条件，饮水不足或不清洁容易继发其他鸡病，开饮要用 25~30 ℃的低温开水，2 周龄后水温要求 10 ℃以上。为加快体质恢复可在饮水中加入适量的葡萄糖、复合维生素 B，6 h 后换为清水。饮水器数量足够，均匀分布，高度适合，每天 1~2 次清洗消毒。

2. 开食

开食是指雏鸡出壳后第一次吃料。开食时间控制在出壳后 24~36 h，可保持整齐度，维持每天 23 h 光照，可提高幼雏采食量。做到少喂勤添八成饱，喂料间隔不留残料，记录喂食量和次数。雏鸡日粮重点在满足其对蛋白质、维生素和矿物质的需求，可增加 1% 沙粒，注意饲料形状大小，喂食器数量、大小、高度和布局。

**（五）环境条件控制**

1. 温度

温度是鸡群环境质量控制的重要指标，合理的温度可以有效促进雏鸡采食、活动、生长、发育等。

（1）温度的影响。温度太高，雏鸡常独自呆立不动，食欲减退，饮欲增强，采食量减少；温度太低，雏鸡饲养过程中，容易扎堆取暖，容易因挤压致残，甚至致死。

（2）温度的控制。雏鸡舍内的温度控制要求是，开始育雏时 33~35 ℃，每周均匀下降 2~3 ℃，14 日龄后雏鸡可以在 25 ℃条件下自由采食，25 日龄后鸡舍内温度控制在 20~23 ℃。

2. 湿度

湿度也是雏鸡饲养环境的重要指标之一。

（1）湿度的影响。湿度合理时，雏鸡活动自如，心情愉悦，采食及生长发育指标符合要求；湿度过大时，雏鸡胸闷烦躁，不愿活动，食欲减退，生长发育暂缓；过于干燥，雏鸡皮肤和黏膜发干，易发生呼吸道病。

（2）湿度要求。雏鸡舍内的合理湿度范围是 10 日龄前 60%~65%，10 日龄后 55%~60%。湿度过大时，要加强通风除湿；过于干燥时，要用喷雾器喷洒饮用水或消毒液增加湿度。

3. 通风换气

在保证鸡舍适宜温度条件下，尽可能多地采用自然通风进行充分的通风换气，在较寒冷季节应采用地下送风道和天窗通风，避免冷风直接吹在鸡身上。舍内空气质量以无粉尘、无异味为宜。

4. 光照

光照是雏鸡健康生长发育的必要条件。

（1）光照的作用。合理的光照可以有效促进雏鸡发育和性成熟，促使雏鸡采食充足和快速生长。

（2）光照要求。一般 0~2 日龄雏鸡，每天需要 23~24 h 光照，强度约为 20 lx；2 日龄后雏鸡，光照每天均匀减少约 0.5 h，直到自然光照为止，防止光照时间太长或太强引起雏鸡性早熟。

5. 饲养密度

每平方米地面或笼底面积饲养的雏鸡数称为雏鸡的饲养密度。与雏鸡的正常发育和健康有关。密度过大，会造成室内空气污浊，卫生条件差，易发生啄癖和感染疾病，鸡群拥挤，采食不均，发育不整齐；密度过小，房屋和设备利用率低，育雏成本高，同时也难保温。适宜密度见表 3–5。

**表3–5 雏鸡饲养适宜密度**

| 周龄 / 周 | 地面平养 /（只 /m²） | 网上平养 /（只 /m²） | 笼养 /（只 /m²） |
|---|---|---|---|
| 1~2 | 30 | 40 | 60 |
| 3~4 | 25 | 30 | 40 |
| 5~6 | 20 | 25 | 30 |

**（六）生物安全保障**

1. 防范鸟兽及虫类

在“分批饲养、全进全出”饲养基础上，每批鸡装栏前和出栏后要分别进行彻底消毒；采取措施防范散养、野生等动物造成生物污染；通过杀虫灭蚊，防范吸血等昆虫传播病原体造成生物污染。

2. 严格检疫

在坚持走“自繁自养”发展道路的基础上，引进雏鸡或种鸡时，严格按照《中华人民共和国动物防疫法》《动物检疫管理办法》的规定，依法取得相应《动物检疫合格证明》。

3. 加强出入管理

非工作人员不准进入养殖场，凡是进入养殖场的人员及车辆必须经消毒合格后方可进入，非饲养及技术人员不得进入养殖区，进入养殖区的人员要穿工作服、换工作鞋。饲养及技术人员要持有有效期内的健康证明，岗位分工要明确，工作中严格按照工作制度和防疫制度要求相关人员各司其职、各尽其责、讲究卫生、做好防护。

4. 无害化处理

饲养过程中，产生的粪便要及时放入暂存池或发酵池进行暂存或发酵处理；发现病鸡要及时转移到隔离舍隔离治疗，疑似一类传染病的要依法上报；病死鸡要及时拣出放入冰箱暂存并定时交由病死畜禽无害化处理场处理。

5. 防疫废弃物

每次免疫前和免疫后要严格清洗消毒免疫用器具，每周对鸡喷雾消毒 2~3 次，鸡舍外环境每月要消毒 1~2 次，水槽、料槽每月要冲洗、消毒 1~2 次，产生的废水废液及时送入氧化塘进行发酵处理。

**（七）科学断喙**

断喙可以有效防止鸡群啄癖和刨料，减少不必要伤亡和节省饲料，雏鸡在 6~10 日龄断喙最好，断喙太晚对雏鸡造成的损伤严重，以至于严重出血，也不易降低啄癖习惯形成。

雏鸡断喙时，断掉雏鸡上喙 1/2 和下喙 1/3，形成“下包上”；为减少断喙应激和容易捉鸡，断喙要在夜间进行；为防止断喙引起大量出血，断喙后 3 d 内分别在相应鸡群饲料或饮水中添加维生素 $K_3$（2 mg/kg）和适量维生素 C、环丙沙星。

## 二、材料准备

（1）收集雏鸡饲养管理情况。根据当地养鸡场情况，对雏鸡的饲养管理进行调查，包括规模、养殖情况、养殖品种，为后面学习作参考。

（2）收集雏鸡的饲养方式选择的相关资料。收集雏鸡的生理特点和雏鸡的饲养管理之间的关系。

（3）收集雏鸡生长发育良好的相关资料。收集雏鸡的生理特点、营养需要及生长发育规律。

## 三、人员准备

人员分组，每组 5 人，明确职责分工（表 3–6）。

**表3–6 人员分工表**

| 任务角色 | 任务内容 |
| --- | --- |
| 组长： | 任务： |
| 组员 1： | 任务： |
| 组员 2： | 任务： |
| 组员 3： | 任务： |
| 组员 4： | 任务： |

## 任务筹划

**（一）内容筹划**

明确要调查的项目，重点调查饲养雏鸡的品种，其饲养规模、育雏方式、市场占有率等。

**（二）方法筹划**

思考如何才能全面获取有效信息，有哪些获取信息资料的渠道，并根据获得的资料，形成雏鸡的饲养管理方案。

**（三）流程筹划**

第一步：深入了解蛋鸡的饲养周期。

第二步：调查当地鸡场雏鸡的饲养情况。

第三步：调查某些雏鸡成活率较高的企业，积累经验。

第四步：为养殖户提高雏鸡的成活率提供相关建议。

## 任务实施

步骤一：

步骤二：

步骤三：

步骤四：

任务总结：

## 任务检测

请扫描二维码答题。

## 任务评价

根据任务完成情况，对展示成果做出评价（表 3–7）。

**表3-7 工作任务完成过程评价表**

班级:__________ 组别:__________ 姓名:__________

| 项目 | 评分标准 | 分值 | 自我评价 | 小组评价 | 教师评价 |
|---|---|---|---|---|---|
| 内容评价 | 1. 体现蛋鸡的生产周期 | 15 | | | |
| | 2. 体现雏鸡的饲养管理技术 | 20 | | | |
| | 3. 体现雏鸡的管理的重要环节 | 15 | | | |
| 技能评价 | 1. 能够了解雏鸡的生理特点 | 15 | | | |
| | 2. 雏鸡饲养管理相关信息的收集 | 5 | | | |
| | 3. 对于收集信息的整合和分析 | 5 | | | |
| | 4. 思维导图整体布局合理，核心主题明确、突出，文字书写工整简洁 | 15 | | | |
| 思政评价 | 1. 能明白基础的重要性，打好扎实的理论基础 | 5 | | | |
| | 2. 能够顺应发展规律，脚踏实地完成各项工作 | 5 | | | |
| 合计 | | 100 | | | |
| 自我评价与总结 | | | | | |
| 教师点评 | | | | | |

## 课程思政专栏

### 别让雏鸡输在起跑线上——鸡群均匀度

蛋鸡生命的第一周构成了鸡在农场一生健康和繁殖的基础，创造良好的条件并采取适当的措施可保证雏鸡按预期健康快速成长。虽然所有的养殖者都希望自己的雏鸡能尽可能快地生长，不想让雏鸡输在起跑线上，但让雏鸡同时同步开始比赛也至关重要。如果从一开始雏鸡生长就不均匀，那么对于饲养管理，尤其是通风和饮水来说简直就是一场噩梦。鸡群越不均匀，那么鸡接受不合理管理决定的几率就越大，因为环境条件受到的应激就越大，那么它们对肠炎和其他疾病就越敏感。

育雏阶段该怎样管理？地养鸡，大多数小鸡的身体会接触地面，因此垫床的温度一定要达到 32 ℃之上，温度不足将意味着小鸡很可能会挤在一起，生长就会减慢。鸡群拥挤在一起，处于中间的鸡生长就会晚于处于边缘的鸡，这就导致了鸡群不均匀。此外，冷地板可能导致肠道发育不良，从而导致营养吸收不良，雏鸡生长缓慢。同样重要的是，温度也要均衡，较冷区域的鸡生长会变慢，从而在以后整个生命中会显得小，导致鸡群不均匀。

为什么提倡高温育雏？高温能够提高笼底温度，雏鸡伏卧时促进卵黄吸收，保证雏鸡前期营养和抗体产生；增加雏鸡运动，刺激雏鸡的采食和饮水；排风换气，确保鸡舍空气清洁，减少疾病发生；对早期感染鸡传染性支气管炎有预防作用；提高饮水温度，减少肠道性细菌病的发生，降低投药成本。因此，提倡早期高温育雏更有利于提高雏鸡的成活率，保证经济效益。

（来源："家禽信息 PIB"微信公众号）

【启示】柏拉图曾经说过："良好的开端是成功的一半。"这句话的道理浅显易懂。然而，在现实生活中，很多人却忽视了"良好开端"的重要性，他们急于求成，没有经过充分的准备和规划，就盲目地开始行动，结果往往是事倍功半，甚至一败涂地。无论面对什么样的困难和挑战，都需要保持积极的心态和乐观的情绪，只有这样，我们才能在困难面前不轻易放弃，坚持到底。同时，要敢于面对困难和挑战，不逃避、不退缩。只有这样，我们才能在挑战中成长和进步。

## 任务四　育成鸡体重均匀度的控制

### 任务导入

蛋鸡养殖过程中，育成鸡群均匀度的重要性不言而喻。均匀度高说明鸡群生长发育一致，预示着日后鸡群开产整齐，产蛋峰值高，并且产蛋高峰期维持时间长。另外，均匀度越整齐，鸡群前期疫苗的整齐度越好，免疫漏洞越少，鸡群发病率越低。那么，在实际生产过程中，造成鸡群均匀度不整齐的原因有哪些？应该如何提高育成鸡群的整齐度？请根据前面学习的内容完成一份原因分析的报告。

### 任务工单

班级:____________________　姓名:____________________　学号:____________________

| 任务名称 | 育成鸡体重均匀度控制 |
| --- | --- |
| 任务描述 | 任务内容：掌握育成鸡的生理特点和饲养管理技术，了解体重均匀度的重要性以及提高均匀度的措施。<br>任务目的：通过育成鸡体重均匀度的控制，进一步掌握育成阶段饲养整齐度高的意义及措施。 |

（续表）

<table>
<tr><td>任务描述</td><td colspan="4">任务流程：首先要明确掌握育成鸡的生理特点，在此基础上深入了解对应的饲养管理技术，了解体重均匀度的重要性以及提高均匀度的措施，并形成原因分析报告。<br>任务方法：理解育成鸡的生理特点，掌握提高均匀度的主要措施。</td></tr>
<tr><td>获取信息</td><td colspan="4">要完成任务，需要掌握相关的知识。请收集资料，回答以下问题。<br>1. 育成鸡的生理特点有哪些?<br><br>2. 如何对育成鸡进行饲养?<br><br>3. 如何对育成鸡进行管理?<br><br>4. 育成鸡体重均匀度差的原因有哪些?<br><br>5. 提高整齐度的措施有哪些?</td></tr>
<tr><td>制订计划</td><td colspan="4"></td></tr>
<tr><td rowspan="6">任务实施</td><td colspan="4">按照预先制订的工作计划，完成本任务，并记录任务实施的过程。</td></tr>
<tr><td>序号</td><td>完成的任务</td><td>遇到的问题</td><td>解决的办法</td></tr>
<tr><td></td><td></td><td></td><td></td></tr>
<tr><td></td><td></td><td></td><td></td></tr>
<tr><td></td><td></td><td></td><td></td></tr>
<tr><td></td><td></td><td></td><td></td></tr>
</table>

## 任务准备

### 一、知识准备

#### （一）育成鸡的生理特点

育成鸡指的是 7~20 周的鸡。育成鸡的培育目标是体重均匀度大于 85%，发育良好，体格健壮，适时达到性成熟。

（1）育成鸡各系统机能基本发育健全，各方面适应性均有所提高。羽毛丰满，拥有较好的体温调节能力；消化机能完善，消化系统发达，对营养的需求更高；免疫系统逐渐发育成熟，抗病能力不断增强；对环境的适应能力有所提高。

（2）育成期是鸡胫骨和体重发育的重要时期，脂肪也在渐渐沉积。后期饲养要注意脂肪的过度沉积进而影响其产蛋性能。

（3）育成鸡的生殖系统发育速度快，需要适时地去控制性腺的发育。12 周龄后必须限制光照，控制性器官发育。

**（二）育成鸡的限制饲养**

育成鸡消化机能健全，采食量大，骨骼肌肉发育处于旺盛时期，要适时控制性腺的发育和减少脂肪的沉积，饲料中的蛋白质、能量水平要逐步降低，育成后期钙含量要增加。因此雏鸡料要逐渐过渡为育成鸡料。

1. 限制饲养

限制饲养是鸡在育成期为了避免体重过大或过肥，对日粮实行必要的数量限制或营养水平上限制的饲养方法，达到节省饲料维持标准的体重，保证正常的体脂蓄积，防止鸡群早熟，减少产蛋期母鸡的死亡率的目的。

2. 限饲起止时间

起于 7~8 周止于 16~18 周，多用限量法，一般减少 10%~20% 为宜，减少太多，会使以后的产蛋量下降，使产蛋期母鸡的死亡率增加。

3. 限饲的注意事项

（1）限饲最关键的一点是正确掌握给料量，确保采食机会均等，如果出现防疫转群、运输、断喙、疾病等应激时，要使鸡群恢复自由采食之后再进行限饲。

（2）鸡在开产前要有一定的钙盐储备，降低高峰期母鸡的瘫痪以及软壳蛋的形成。因此要适当补充沙粒和钙，前期沙粒用量少且沙粒直径小，后期用量多且沙粒直径要逐渐增大。

**（三）育成鸡体重均匀度**

1. 体重均匀度

体重均匀度等于平均体重加减 10% 范围内的鸡只数除取样的总只数，再乘百分之百。

2. 体重均匀度等级

均匀度的等级在 80%~85% 为合格，85%~90% 为良好，90% 以上为优秀。体重均匀度一般是要求在 4~6 周龄，每隔 1~2 周抽测称重 1 次，及时调整饲喂量。

**（四）育成鸡的管理**

1. 环境管理

温度的控制不如雏鸡阶段严格，育成鸡最佳的生长温度是 21 ℃。适宜范围是 15~25 ℃。湿度要求 50%~60%。在深秋等较冷的时候，要注意在鸡舍保温的前提下，应尽量通风。育成鸡在 10~12 周龄性腺开始发育，光照是控制性成熟的重要手段，该阶段要求绝对不能延长光照时间，每天 8~10 h 为宜，光照强度 5~10 lx。育成鸡生长发育快，代谢旺盛，活动量大，适宜的密度，有利于其生长发育。

2. 转群

转群之前要准备好育成鸡舍，调整好舍内的饲料和饮水位置，补充好舍温，临时增加光照，便于鸡群适应新环境。

3. 饮水

保证饮水充足、清洁，防止饮水器漏水，每天要对饮水器进行清洗消毒。

4. 换料

换料时，注意过渡性换料，料槽要进行清洗消毒，保证卫生。

5. 日常管理

对鸡的精神状态、采食饮水情况、粪便情况等做好日常观察。及时清除粪便，保持室内良好的环境卫生，定期灭鼠，保持环境的稳定以减少应激，还有做好疫苗接种工作。

**（五）育成鸡整齐度不佳的原因**

1. 饲料分布不均匀

饲料分布不均匀是生产过程中最容易忽略的因素，比如链条式饲喂系统中，链条过长造成饲料分布不均匀，或播种机式喂料机下料管饲料结拱堵塞，造成饲料分布不均匀。鸡群有的地方一直吃大粒，有的一直吃粉末，严重影响鸡群的均匀度。有时候打料罐的转速太高，饲料粉碎过细，饲料形态的差别大（可以在料线的末端看到非常细的饲料残留，而在料线前部看到粗粒的饲料），采食不均匀，导致鸡群均匀度受影响。

2. 鸡群的密度不合理

密度不均匀，该分群时没有及时分群，鸡舍密度大。另外，由于各层鸡笼或鸡舍各个位置的死淘率不同，造成鸡群在鸡舍内的分布不均匀。

3. 料位不够

在鸡场走访过程中发现，鸡群的均匀度不好，料位不够，以及没有及时调整料槽的挡板导致鸡群采食困难，采食量上不去，从而影响鸡群的整齐度。

4. 疾病因素

鸡群感染影响其生长发育的病原后，鸡群的均匀度容易受影响。

5. 营养因素

部分育青年鸡的养殖场过于追求体重，前期不加麸皮或者全程使用全价料，青年鸡回去以后直接使用预混料伴随着麸皮的添加，鸡群的肠道不适应，长期拉稀，也容易影响鸡群的均匀度。

**（六）如何提高育成蛋鸡的整齐度**

1. 坚持定期称重

称重是了解鸡群体重的唯一有效办法，而通过定期称重可以清楚地了解鸡群体重的变化情况。称重时必须遵循 2 个原则：定期称重，每周称重 1 次；随机抽样，一般抽取鸡群总数 5% 的个体进行称重，然后根据抽测结果，与品种的标准体重进行比较，从而调整饲料的喂量和日粮的配方，决定换料时间，使鸡群的平均体重始终处于适宜范围内。

2. 及时调整饲养密度

饲养密度是决定鸡群整齐度的一个很重要的方面。饲养密度大则鸡群混乱，竞争激烈，鸡舍内空气污浊，环境恶化。若采食、饮水用具不足极易使部分鸡体重下降，甚至引起啄肛、啄羽等现象。饲养密度过小则易造成饲养成本增加。一般笼养蛋鸡的饲养密度为每平方米 15~16 只，网上平养蛋鸡的饲养密度为每平方米 10~12 只。要养成随时随地挑鸡的习惯。无论饲养技术和管理水平多高，鸡群中总会出现一些瘦弱的个体，如果不及时将其挑出进行个别处理，势必会影响鸡群整体的生长及其生产性能的发挥。挑出鸡群中体质较弱的个体进行集中饲养，并推迟换料时间，使其尽快达到标准体重。

## 二、材料准备

（1）收集育成鸡的饲养管理技术要点。对当地养鸡场育成鸡的饲养情况进行调查，包括规模、养殖情况、养殖品种，为后面的蛋鸡生产作参考。

（2）收集育成鸡体重和骨骼发育的相关资料。收集育成鸡的生理特点。

（3）收集育成鸡生长发育规律的相关资料。收集育成鸡的生理特点、营养需要及生长发育规律。

## 三、人员准备

人员分组，每组 5 人，明确职责分工（表 3–8）。

**表3–8　人员分工表**

| 任务角色 | 任务内容 |
|---|---|
| 组长： | 任务： |
| 组员 1： | 任务： |
| 组员 2： | 任务： |
| 组员 3： | 任务： |
| 组员 4： | 任务： |

## 任务筹划

**（一）内容筹划**

明确要调查的项目，重点调查饲养的品种、饲养规模、市场占有率等。

**（二）方法筹划**

思考获取有效信息的途径有哪些，怎样才能获取充足的信息，并将获得的资料进行汇总，形成育成阶段饲养管理的方案。

**（三）流程筹划**

第一步：深入了解育成鸡的生理特点。

第二步：调查当地养鸡场育成鸡饲养情况。
第三步：调查市面整齐度好的相关企业。
第四步：为养殖户提供育成鸡饲养的相关建议。

## 任务实施

步骤一：

步骤二：

步骤三：

步骤四：

任务总结：

## 任务检测

请扫描二维码答题。

## 任务评价

根据任务完成情况，对展示成果做出评价（表 3-9）。

**表3-9　工作任务完成过程评价表**

班级：＿＿＿＿＿＿＿＿　组别：＿＿＿＿＿＿＿＿　姓名：＿＿＿＿＿＿＿＿

| 项目 | 评分标准 | 分值 | 自我评价 | 小组评价 | 教师评价 |
|---|---|---|---|---|---|
| 内容评价 | 1. 体现育成鸡的生理特点 | 15 | | | |
| | 2. 体现育成鸡的饲养管理技术 | 20 | | | |
| | 3. 体现鸡群整齐度的控制措施 | 15 | | | |
| 技能评价 | 1. 能够正确称重 | 15 | | | |
| | 2. 能够正确计算 | 5 | | | |
| | 3. 能够进行数据分析 | 5 | | | |
| | 4. 形成的原因分析报告内容全面，表述简洁明确 | 15 | | | |

（续表）

| 项目 | 评分标准 | 分值 | 自我评价 | 小组评价 | 教师评价 |
|---|---|---|---|---|---|
| 思政评价 | 1. 能掌握发展规律，顺应规律，合理安排各项任务 | 5 | | | |
| | 2. 能够认真分析数据，做好数据处理 | 5 | | | |
| 合计 | | 100 | | | |
| 自我评价与总结 | | | | | |
| 教师点评 | | | | | |

## 课程思政专栏

### 育成鸡体重均匀度控制

同样的养殖条件，蛋鸡均匀度差距为什么那么大呢？众所周知，提高鸡群的均匀度可以使产蛋高峰比较高，持续时间较长，死淘率低。那么，怎样提高鸡群育成期的均匀度呢？

鸡群的饲养密度要合适，饲养密度要根据鸡舍的设备和大小情况而定，饲养密度降低会使鸡的均匀度提高。

适当的料位和水位对提高均匀度极为重要，如果料位和水位不足，就会使一部分鸡吃不到足够的料和喝不到足够的水，影响鸡的均匀度的提高。

鸡群发生疾病时，会影响均匀度，发病的鸡往往会增重比较缓慢并且发育不良。

在鸡群均匀度较低时可以采取以下补救措施。

（1）在 5~7 d 结合断喙淘汰一部分病残鸡，将弱小鸡单独挑出饲养。

（2）挑鸡工作可结合免疫工作进行，尽量不要频繁挑鸡，以免产生应激。

（3）在 6 周龄前，应及时将那些鉴别错误、发育差和明显有病的鸡挑出淘汰，以利鸡群健康和降低饲养成本。

（4）挑鸡应尽量在 8 周以前完成，使其在 10 周达到体重标准。要想提高鸡群均匀度，单单挑鸡也是不行的，还要在育雏前期做好腺肌胃炎和滑液囊霉形体的预防工作。

（来源：“家禽养殖网”微信公众号）

【启示】“天善为政者，弊则补之，决则塞之”，出自西汉桓宽《盐铁论·申韩》，意思是善于治国理政的人看到衣服破了就会缝补，看到河流决口就会堵塞。引申开来就是说，善于治理国家的人会在发现问题的时候及时补救、及时解决，绝不会听之任之，任由它酿成大祸。同样，鸡群体重异常，也要进行及时补救，从而奠定实现鸡群高产的基础。

# 任务五　产蛋鸡的饲养管理

## 任务导入

蛋鸡养殖是我国很多养殖户都会选择的一个项目。不同阶段蛋鸡生理特点不同，养殖蛋鸡最关键的就是产蛋率，有很多养殖户认为，鸡开始产蛋后就万事大吉了，忽略了产蛋期的饲养管理，因而造成了很大的经济损失。蛋鸡的饲养管理是影响产蛋量和质量的重要因素，是保证蛋鸡生产性能的关键，养殖户们必须认真对待。蛋鸡产蛋阶段该如何管理呢？请以 PPT 的形式介绍蛋鸡产蛋期的管理要点，为养殖户提供理论指导，减少经济损失。

## 任务工单

班级：＿＿＿＿＿＿＿＿　姓名：＿＿＿＿＿＿＿＿　学号：＿＿＿＿＿＿＿＿

| 任务名称 | 产蛋鸡的饲养管理 |
|---|---|
| 任务描述 | 任务内容：掌握产蛋鸡的生理特点，掌握母鸡的产蛋规律，了解产蛋鸡的饲养管理技术和日常管理内容。<br>任务目的：通过产蛋鸡饲养管理内容的学习，掌握产蛋鸡的生理特点，掌握母鸡的产蛋规律，更好地完成产蛋鸡的饲养管理，提高生产效益。<br>任务流程：在掌握母鸡的生理特点和产蛋规律的基础上，深入理解产蛋鸡的饲养管理程序，并设计内容完整的 PPT。<br>任务方法：理解产蛋鸡的特点和产蛋规律，制定合理的饲养管理程序。 |
| 获取信息 | 要完成任务，需要掌握相关的知识。请收集资料，回答以下问题。<br>1. 产蛋鸡的生理特点有哪些？<br><br>2. 母鸡的产蛋规律有哪些？ |

（续表）

<table>
<tr><td>获取信息</td><td colspan="4">3. 产蛋鸡的饲养管理要点有哪些?<br><br>4. 如何对产蛋鸡进行日常管理?</td></tr>
<tr><td>制订计划</td><td colspan="4"></td></tr>
<tr><td rowspan="6">任务实施</td><td colspan="4">按照预先制订的工作计划，完成本任务，并记录任务实施过程。</td></tr>
<tr><td>序号</td><td>完成的任务</td><td>遇到的问题</td><td>解决的办法</td></tr>
<tr><td></td><td></td><td></td><td></td></tr>
<tr><td></td><td></td><td></td><td></td></tr>
<tr><td></td><td></td><td></td><td></td></tr>
<tr><td></td><td></td><td></td><td></td></tr>
</table>

## 任务准备

### 一、知识准备

#### （一）产蛋鸡的生理特点

产蛋鸡指从开产到淘汰的鸡，一般多指 21~72 周龄。该阶段的鸡有如下生理特点。

（1）开产以后母鸡身体还在发育，体重会继续增长，40 周龄以后母鸡生长发育基本停止，体重增重很少，增重的主要部分为沉积的脂肪。

（2）产蛋鸡富有神经质，对环境变化非常的敏感。饲料配方及饲喂设备和环境条件发生改变，饲养人员和日常管理程序出现问题，都能被产蛋鸡觉察，并且使其生产性能发生变化。

（3）对营养物质利用率不同。刚到性成熟时，母鸡卵巢可以释放大量的雌激素，钙的沉积能力增强；开产到产蛋高峰，消化吸收能力增强，采食量剧增；产蛋后期消化吸收能力减弱，脂肪的沉积开始增加。

（4）产蛋母鸡具有换羽的特性。母鸡经过 1 个产蛋期后，便开始自然换羽，换羽的时间一般是 2~4 个月，其间母鸡由于卵巢机能减退，雌激素分泌减少，会出现停产的现象，换羽结束后，母鸡可以再次开产，但是其产蛋量、饲料转化率均会有所降低。

### （二）产蛋曲线

1. 产蛋曲线的含义

产蛋曲线是根据鸡的产蛋情况，以产蛋周龄为横坐标，以该周龄对应的产蛋率为纵坐标所绘制成的曲线。

2. 产蛋曲线的 3 个阶段

（1）20~24 周龄为初产期，该阶段母鸡的产蛋率从 0 开始上升到 70% 左右，鸡群产蛋模式不固定，产蛋间隔时间过长。

（2）27~40 周龄称为产蛋高峰期，27 周产蛋率达 90% 并持续到 40 周龄，该阶段母鸡产蛋模式趋于正常。

（3）40 周以后至停产为产蛋后期，产蛋率出现逐渐下降的趋势，直到完全停产。

3. 产蛋曲线的 3 个特点

（1）产蛋率上升速度非常快。

（2）产蛋率下降平稳缓慢。

（3）产蛋下降不可补偿。

### （三）产蛋鸡的饲养管理

1. 阶段饲养

阶段饲养是根据鸡群的周龄和产蛋水平，将产蛋期划分为不同的阶段，饲喂不同营养水平的日粮，以满足产蛋需要的方法。一般划分为两段法和三段法。

（1）两段法。以 50 周龄为界限，50 周龄前粗蛋白水平 16%~17%，50 周龄后，粗蛋白水平下降至 14%~15%，采用两阶段饲养时，前期粗蛋白水平较高，后期粗蛋白水平较低。

（2）三段法。分成了 21~40 周龄、41~60 周龄、61~72 周龄。第一个阶段，母鸡自由采食，粗蛋白水平为 18%；第二个阶段降低能量水平，粗蛋白水平下降至 16.5%~17.0%；第三个阶段降低能量水平的同时，粗蛋白继续下降至 15%~16%，并进行限饲。

2. 调整饲养

根据环境条件和鸡群状况的变化，及时调整日粮中主要营养成分的含量，以适应鸡的生理和产蛋需要。一般按照产蛋曲线、季节气温、体重和鸡群状况进行调整饲养。

3. 限制饲养

对于产蛋鸡的限饲时间，一般固定在产蛋后期，也就是当产蛋率下降时，我们逐渐降低饲料营养水平或减少饲喂量，该过程需要注意减料量不能超过 9%，当气温降低时，对鸡群要恢复正常的采食量。

### （四）产蛋鸡的营养需要

1. 能量

对于产蛋鸡阶段来说能量是基础，产蛋鸡的能量 2/3 用于维持需要，1/3 用于产蛋。当温度超过 30 ℃时，温度对能量需要影响较大。

2. 蛋白质

受体重、产蛋率和不同周龄的影响，产蛋鸡的蛋白质 2/3 用于生产，1/3 用于维持需要，因此产蛋前期蛋白质需要量大后期需要量较小，同时必须要满足氨基酸的量，如蛋氨酸、赖氨酸和胱氨酸。

3. 矿物质

矿物质需要主要指的是钙、磷等微量元素的吸收，产蛋高峰期，母鸡会出现缺钙的表现，因此要求我们要给它们补食颗粒状的钙质饲料。同时，磷能促进钙的吸收和利用，也是骨骼、蛋壳的组成成分。产蛋鸡对无机磷的利用率较高，钠主要以食盐的形式补充。锰、锌等元素缺乏，也会降低产蛋量。

4. 维生素

维生素主要作用是缓解应激。

### （五）产蛋鸡的环境控制

1. 温度

温度对蛋重、蛋壳品质及饲料转化率均有影响，产蛋鸡一般适宜温度为 13~25 ℃，最佳温度范围为 18~23 ℃，当环境温度大于 24 ℃时，产蛋量开始下降；环境温度大于 43 ℃时，超过 3 h，母鸡会中暑死亡。

2. 湿度

产蛋期适宜的湿度范围一般为 60%~65%。当湿度范围为 40%~70%，只要温度合适，对鸡的影响不大。

3. 通风换气

通风换气的目的是减少空气当中的有害气体，保持室内空气清新，调节室内温度和湿度，一般要求氨气的浓度不超过 20 μL/L，硫化氢不超过 10 μL/L，二氧化碳不超过 1 500 μL/L，同时通风的时候要避免贼风。

4. 光照

光照能保证鸡群正常采食饮水和活动，其次可以增加生殖性能。对于产蛋鸡来说，每天的光照时间只能延长，不能缩短，但最多不能超过 17 h，光照强度不可减弱，注意光照延长起始时间 18~20 周龄，每周延长 0.5~1.0 h，至 16 h 后保持不变。

5. 饲养密度

饲养密度关乎鸡舍利用率和鸡舍环境控制，既要做到鸡舍利用率高，还要做到鸡舍环境控制容易。

### （六）产蛋鸡的日常管理

1. 鸡群的观察

观察精神状态、行为表现、采食情况、饮水情况、粪便情况、产蛋情况、设备用具以及鸡舍环境状况。

2. 定时喂料

产蛋鸡消化能力强，食欲旺盛，每天喂 3 次为宜。喂料的时间要固定，每周还要补充沙粒。

3. 定时捡蛋

鸡产蛋的高峰一般在日出后的 3~4 h，下午捡蛋占全天捡蛋量的 20%~30%。每天捡蛋 2~3 次，破蛋、脏蛋单独存放。

4. 卫生消毒

定时清扫鸡舍，及时清理粪便，清洗并消毒水槽，每周带鸡消毒 1 次，及时淘汰低产鸡和停产鸡。

## 二、材料准备

（1）收集养鸡场饲养蛋鸡的基本情况。对当地养鸡场的蛋鸡养殖情况进行调查，包括规模、养殖情况、养殖品种，为养殖户养鸡作参考。

（2）收集蛋鸡产蛋规律的相关资料。收集生活中蛋鸡产蛋是否有规律可循以及产蛋的具体表现。

（3）收集蛋鸡饲养方式的相关资料。收集产蛋鸡的生理特点、营养需要及生长发育规律。

## 三、人员准备

人员分组，每组 5 人，明确职责分工（表 3–10）。

**表3–10　人员分工表**

| 任务角色 | 任务内容 |
| --- | --- |
| 组长： | 任务： |
| 组员 1： | 任务： |
| 组员 2： | 任务： |
| 组员 3： | 任务： |
| 组员 4： | 任务： |

## 任务筹划

### （一）内容筹划

明确要调查的项目，重点调查饲养的品种、市场价格、市场占有率等。

### （二）方法筹划

思考如何才能获取更有效的信息，获取信息资料的渠道有哪些，并对收集到的资料进行加工分析，形成可供村民利用的方案。

### （三）流程筹划

第一步：深入了解产蛋鸡的生理特点。

第二步：调查当地养鸡场蛋鸡饲养情况。

第三步：调查产蛋率高且稳定的养鸡场的情况。

第四步：为养殖户产蛋鸡养殖提供相关建议。

## 任务实施

步骤一：

步骤二：

步骤三：

步骤四：

任务总结：

## 任务检测

请扫描二维码答题。

## 任务评价

根据任务完成情况，对展示成果做出评价（表 3-11）。

**表3-11 工作任务完成过程评价表**

班级：______ 组别：______ 姓名：______

| 项目 | 评分标准 | 分值 | 自我评价 | 小组评价 | 教师评价 |
|---|---|---|---|---|---|
| 内容评价 | 1. 体现蛋鸡的生理特点 | 15 | | | |
| | 2. 体现产蛋鸡的饲养管理技术 | 20 | | | |
| | 3. 体现母鸡的产蛋规律 | 15 | | | |
| 技能评价 | 1. 能够明确高产蛋鸡的特征 | 15 | | | |
| | 2. 产蛋数据的收集 | 5 | | | |
| | 3. 对于收集的产蛋数据的整合和分析 | 5 | | | |
| | 4. PPT 中产蛋鸡的饲养内容表述简洁明确，重点突出 | 15 | | | |

（续表）

| 项目 | 评分标准 | 分值 | 自我评价 | 小组评价 | 教师评价 |
| --- | --- | --- | --- | --- | --- |
| 思政评价 | 1. 能按照发展规律筹划相关事项或行动的具体安排 | 5 | | | |
| | 2. 能够对数据进行细致认真分析 | 5 | | | |
| 合计 | | 100 | | | |
| 自我评价与总结 | | | | | |
| 教师点评 | | | | | |

**课程思政专栏**

## 产蛋鸡的饲养管理

产业振兴是实现乡村振兴的基础和关键，为此，河北省三河市李旗庄镇不拘泥于传统的农业手段，引领村街通过“高科技”手段养殖蛋鸡，激活了农村发展新动能，探索出一条能够加速推进乡村振兴的致富新路。

走进李旗庄镇郭庄子村生态养殖场，鸡舍内自动化设备一应俱全，采用了当前国内最先进的全封闭、全自动化H型层叠笼养设备，配套中央集蛋系统、平稳快速的上料系统、清粪系统、自动供水系统以及稳定的温控系统，使30万只蛋鸡住上恒温定湿的“楼房”，足不出“笼”便可实现吃、喝、住、孵等过程。在养殖过程中，严格遵守免疫程序和消毒程序，养殖周期内绝不使用任何违禁药品和添加剂，确保了上市鸡蛋无农药残留。同时，与农业科研院所进行技术合作，开发出十多类不同品种的鸡蛋产品，大大提高了鸡蛋内含的DHA、叶酸等营养指标。通过这些现代化的高科技手段，李旗庄镇让养鸡变得“高大上”起来。

李旗庄镇充分发挥“高科技”养殖企业在农业产业结构调整和产业化发展中的主力军作用，积极发动当地村民参与现代化养殖，促进养殖行业规模化、现代化、科学化发展，引领众多养殖户走上了脱贫致富之路。此外，李旗庄镇在承包土地、吸纳本地村民就业、产业扶贫等多方面助力村集体、村民实现增收，在助力乡村振兴的道路上又写下了浓墨重彩的一笔。

母鸡住在“别墅”里，鸡蛋跑在“赛道”上。李旗庄镇颠覆了传统的蛋鸡养殖模式，通过运用“高科技”手段，一人便可日理万“鸡”，在鸡窝里孵出了能够带动村集体和村民同步增收的“金蛋蛋”。

（来源：“网信三河”微信公众号）

【启示】随着科技的发展，各种智能化技术也更多地应用到了各行各业，即使是养鸡也走上了智慧化路子，智能化养殖、标准化生产，科技赋能，智慧养鸡，不仅“养”出了一条致富路，也为乡村振兴注入新活力。

# 任务六　产蛋曲线的绘制

## 任务导入

产蛋曲线是描述特定品种蛋鸡群的产蛋率随时间变化而变化的曲线图，不同品种蛋鸡群的产蛋曲线是不同的，但同一品种的蛋鸡群的产蛋曲线图具有遗传稳定性。比对标准产蛋曲线图，既能提前规划生产，也能及时发现和纠正问题。

曲线图比数字更能清晰地看出鸡群的实际产蛋情况，及时掌握鸡群的产蛋变化。每个鸡场在产蛋期应根据实际产蛋情况画出产蛋曲线图，将鸡场实际产蛋曲线与标准产蛋曲线对照，及时发现产蛋量是否正常，产蛋高峰出现是否及时，或产蛋后期产蛋量下降时，其下降幅度是否超出了正常值，帮助及时找出问题，采取对策从而提高整个产蛋周期的产蛋量。请为养殖户绘制一份产蛋曲线指导生产。

## 任务工单

班级：________　姓名：________　学号：________

| 任务名称 | 产蛋曲线的绘制 |
|---|---|
| 任务描述 | 任务内容：掌握产蛋曲线的概念、特点和绘制方法。<br>任务目的：通过产蛋曲线的绘制，能够更加客观地分析鸡场的实际产蛋变化，便于合理调整饲养方案。<br>任务流程：先要了解产蛋曲线的概念，对照产蛋曲线图分析理解产蛋曲线的特点和阶段，在此基础上根据收集到的产蛋数据绘制鸡场的产蛋曲线并分析。<br>任务方法：掌握产蛋曲线的概念、特点和绘制方法，学会分析产蛋曲线反映出的问题，更好地指导实践。 |

（续表）

<table>
<tr><td>获取信息</td><td colspan="4">要完成任务，需要掌握相关的知识。请收集资料，回答以下问题。<br>1. 产蛋曲线的概念是什么？<br>2. 正常产蛋曲线的特点有哪些？<br>3. 标准产蛋曲线的特点有哪些？<br>4. 如何对产蛋曲线进行分析？</td></tr>
<tr><td>制订计划</td><td colspan="4"></td></tr>
<tr><td rowspan="6">任务实施</td><td colspan="4">按照预先制订的工作计划，完成本任务，并记录任务实施过程。</td></tr>
<tr><td>序号</td><td>完成的任务</td><td>遇到的问题</td><td>解决的办法</td></tr>
<tr><td></td><td></td><td></td><td></td></tr>
<tr><td></td><td></td><td></td><td></td></tr>
<tr><td></td><td></td><td></td><td></td></tr>
<tr><td></td><td></td><td></td><td></td></tr>
</table>

## 任务准备

### 一、知识准备

#### （一）产蛋曲线

在正常的饲养管理情况下，种鸡群的产蛋情况可用一曲线图来表示，这个曲线图就叫产蛋曲线。每个鸡场在产蛋期均应画出自己鸡场的产蛋曲线图，曲线图比数字更能一目了然地看出鸡群的实际产蛋情况，及时掌握鸡群的产蛋变化。

1. 标准产蛋曲线

即由种鸡育种公司提供的正常情况下鸡发挥出最大生产潜力时的产蛋曲线。将鸡场实际产蛋曲线与标准产蛋曲线对照能及时发现产蛋量是否正常，产蛋高峰出现是否及时，或产蛋后期产蛋量下降时，其下降幅度是否超出了正常值，帮助及时找出问题，采取对策从而提高整个产蛋周期的产蛋量。

2. 生产实际产蛋曲线

绘图时，以周龄为横轴，母鸡日产蛋率为纵轴画一直角坐标，横轴以周龄为刻度，一个周龄为一个刻度。从开产（即产蛋率达 5% 时的周龄）开始绘制。同时，在坐标图上画出所养鸡品种的标准产蛋曲线，再在坐标上逐周画出所养鸡群产蛋曲线，以便进行比较。

**（二）正常产蛋曲线的特点（或标准产蛋曲线的特点）**

（1）开产过后产蛋量急剧上升，从开产来临到高峰仅需 5~6 周时间，在产蛋曲线上的表现是陡峭的上升而不是缓慢的弧形。

（2）高峰过后产蛋的下降是缓慢的，产蛋曲线上的表现是一直线，不同种鸡，其下降幅度有所不同，受遗传影响。

（3）若饲养管理良好，则鸡群的下降幅度和标准曲线相符。

（4）若管理较差，则产蛋曲线低于标准曲线，产蛋曲线图的表现为上升缓慢而下降较陡，总产蛋量会大大低于标准产蛋量。种鸡群在整个生产周期产蛋率不高，总产蛋量较少，达不到标准产蛋量，产蛋曲线图上主要表现为 2 个方面。

①产蛋曲线中高峰的出现呈缓慢下降的弧形而不是陡峭的上升，或达不到产蛋高峰。

②高峰时期过后实际产蛋率下降幅度比标准曲线下降幅度快或者下降突然。

**（三）产蛋曲线的分析**

（1）高峰出现缓慢或达不到，主要原因可能有以下方面。

①育雏、育成期存在饲养管理或疾病方面的问题，如在开放式的鸡舍，育雏育成期处在上半年，日照不断增加，未采用恒定光照法，违反了光照管理原则。

②未采取限制饲养，鸡群性成熟年龄不一致且体重超重，开产时间相差较远。

③或在育雏育成期发生了较严重的传染病。

④或在育雏育成期营养供应不足，体重未达标，或育成—产蛋饲料转换不及时、不合理等均会出现此种现象。

（2）高峰过后产蛋量突然下降，下降幅度比标准曲线快而突然，主要原因有以下方面。

①日粮配方发生改变或者原料质量问题，如饲料品种突然改变，饲料发霉变质，或某种成分含量偏低、偏高等。

②光照时间和强度突然改变，如开关灯不准时，或停电无法保证光照时间，或光照强度发生了改变等。

③饮水器出现障碍，造成长时间停水、缺水。

④受到人或动物的干扰而惊群，或受到声响等强烈刺激。

⑤接种疫苗或使用药物的副作用。

⑥鸡群患突发性的传染病，如新城疫、传染性喉气管炎、传染性支气管炎、产

蛋下降综合征等传染病发生时，鸡产蛋量突然下降，有时下降幅度高达 50%。

（3）产蛋量异常下降后要回升到原来的水平是不可能的，越接近产蛋后期，下降的时间越长，回升越困难，即使回升，回升的幅度也很有限。产蛋前期未达到产蛋高峰或缓慢达到产蛋高峰而少产的蛋要想在产蛋后期得到补偿是不可能的。因此发现产蛋量异常下降后，要尽快找出其原因，并马上采取措施进行纠正，争取尽量多产蛋，少受损失。

## 二、材料准备

（1）收集产蛋曲线绘制需要的数据。对当地养殖场进行调查，包括饲养规模、养殖情况、养殖品种、产蛋情况，为后面绘制产蛋曲线作参考。

（2）收集产蛋曲线比较分析相关的资料。收集绘制产蛋曲线需要的材料及分析方法。

（3）收集产蛋曲线的实际应用的相关资料。收集鸡场中利用产蛋曲线指导实践的典型案例，积累经验。

## 三、人员准备

人员分组，每组 5 人，明确职责分工（表 3–12）。

**表3–12　人员分工表**

| 任务角色 | 任务内容 |
|---|---|
| 组长： | 任务： |
| 组员 1： | 任务： |
| 组员 2： | 任务： |
| 组员 3： | 任务： |
| 组员 4： | 任务： |

## 任务筹划

### （一）内容筹划

明确要调查的项目，重点调查饲养品种、产蛋情况、市场占有率等。

### （二）方法筹划

思考如何才能获取更全面的产蛋数据，这些数据如何利用才能形成实用性较强的参考依据，形成可供养殖户选择的饲养方案。

### （三）流程筹划

第一步：深入产蛋曲线的绘制方法。

第二步：调查当地鸡场养鸡情况。

第三步：调查产蛋曲线的实际应用。

第四步：为蛋鸡饲养提供相关建议。

## 任务实施

步骤一：

步骤二：

步骤三：

步骤四：

任务总结：

## 任务检测

请扫描二维码答题。

## 任务评价

根据任务完成情况，对展示成果做出评价（表 3–13）。

**表3–13 工作任务完成过程评价表**

班级：________ 组别：________ 姓名：________

| 项目 | 评分标准 | 分值 | 自我评价 | 小组评价 | 教师评价 |
|---|---|---|---|---|---|
| 内容评价 | 1. 了解产蛋曲线的绘制方法 | 15 | | | |
| | 2. 掌握产蛋曲线的分析 | 20 | | | |
| | 3. 掌握产蛋曲线的应用 | 15 | | | |
| 技能评价 | 1. 能够识别高产蛋鸡 | 15 | | | |
| | 2. 产蛋数据的收集 | 5 | | | |
| | 3. 对于数据的整合和分析 | 5 | | | |

（续表）

| 项目 | 评分标准 | 分值 | 自我评价 | 小组评价 | 教师评价 |
|---|---|---|---|---|---|
| 技能评价 | 4. 绘制出的标准产蛋曲线和实际产蛋曲线均无错误，二者的分析到位，对鸡场的蛋鸡饲养管理有实际指导意义 | 15 | | | |
| 思政评价 | 1. 能按照事物的实际情况正确对待和处理事情 | 5 | | | |
| | 2. 能够对数据进行科学分析 | 5 | | | |
| 合计 | | 100 | | | |
| 自我评价与总结 | | | | | |
| 教师点评 | | | | | |

## 课程思政专栏

### 产蛋曲线的绘制——成功可以复制

98% 以上 5 个多月，550 d 接近 91% 产蛋率！这是湖南省桃源县架桥镇养殖户刘某按“和康 320 蛋鸡高产保健方案”保健饲养取得的惊人生产成绩。

一、基本情况

2022 年 8 月 5 日，引进 60 日龄新海兰灰青年鸡 29 000 羽，至 2023 年 12 月中旬淘汰，产蛋率超 98% 的有 5 个多月，至 550 日龄接近 91%，生产成绩优异，经济效益很好。

二、和康 320 蛋鸡高产保健方案简介（70~200 日龄）

1. 针对青年鸡入舍转群应激引起的采食量偏低、消化不良，提高采食量和饲料消化利用率。

2. 关注性发育和性成熟，目标是促进生殖系统的充分发育，在生殖器官快速发育时进行保护，减少生殖系统的隐性感染。

3. 开产阶段类似于哺乳动物“分娩”阶段，具有“多虚、多淤”的特点，抗病力下降，隐性感染可能转变为显性感染，表现为发病，是鸡最脆弱、最易感染发病的阶段，特别需要加强饲养管理。

（来源：“和康牧业”微信公众号）

【启示】古人云:“失败是成功之母。”告诉当我们遭遇失败，要学会在失败中总结经验，不断尝试从而取得成功。从失败中体验挫败感、总结失败的经验教训使人具备反思能力。

# 项目四 肉鸡生产

## 项目导读

肉鸡是供人们食用禽肉的一种养殖鸡类，由于肉鸡生长速度快、肉质好，在养殖业中受到了广泛的关注。鸡肉是我们日常生活当中的常见的一种肉类，可以给人体提供丰富的蛋白质，肉鸡的饲料转化率是养殖业中最高的一种，很多养殖户都会饲养肉鸡。我国的肉鸡大多数采取高密度笼养。在肉鸡的养殖过程中，肉鸡的出栏体重是一个重要的衡量指标。因此，应根据饲料转化规律，同时综合考虑当时的市场行情、饲料价格等因素，合理安排肉鸡的生产和出栏，在保证肉鸡品质的前提下最大限度地提高经济效益。

## 知识目标

①了解肉用仔鸡的饲养方式，掌握肉用仔鸡的饲养管理技术。

②了解优质肉鸡的分类，掌握优质肉鸡的饲养管理技术。

## 技能目标

①能够查阅、分析整理肉鸡养殖资料，能够熟悉肉鸡各个生产环节。

②能够结合各地资源条件发展优质肉鸡养殖，因地制宜发展特色养殖产业，助力乡村振兴。

## 素质目标

①培养科学研究精神和实践创新能力，正确理解和认识肉鸡行业的社会和经济价值。

②能够认识到肉鸡养殖的重要性及其对农业经济发展的贡献。

# 任务一 快大型肉鸡的生产

## 任务导入

我国肉鸡市场上的品种主要有白羽肉鸡、黄羽肉鸡、土杂鸡。当前，鸡肉在我国已成为仅次于猪肉的第二大肉类消费品。白羽肉鸡年出栏50亿只，是畜牧业乃至农业中产业化、规模化、市场化程度最高的产业。但我国市场近50%的白羽肉鸡种源长期100%依赖进口。这对我国肉鸡产业的发展构成潜在威胁。农业农村部2021年发布公告称，国家畜禽遗传资源委员会审定通过“圣泽901”“广明2号”“沃德188”3个快大型白羽肉鸡品种。这意味着我国重新确立了自主育种积极应对国外种源“卡脖子”挑战的路径，标志着我国肉鸡市场拥有了自主培育的白羽肉鸡品种，我国快大型白羽肉鸡种源100%依靠进口的时代终结。请根据快大型肉鸡的市场需求特点，为当地养殖户做一份提高肉鸡养殖效益的PPT，方便养殖户参考。

## 任务工单

班级:________ 姓名:________ 学号:________

| 任务名称 | 快大型肉鸡生产技术 |
| --- | --- |
| 任务描述 | 任务内容：掌握快大型肉鸡的概念及生产特点，明确快大型肉鸡的饲养管理技术，提高产品的合格率。<br>任务目的：通过快大型肉鸡生产技术的学习，掌握快大型肉鸡的生产特点，为提高产品合格率奠定基础。<br>任务流程：先要重点掌握快大型肉鸡的生产特点和饲养管理技术，在此基础上理解如何提高产品合格率，进而提高生产效益，制作内容完整的PPT。<br>任务方法：根据生产特点，实事求是制定饲养方案，合理规划上市时间，提高产品合格率。 |
| 获取信息 | 要完成任务，需要掌握相关的知识。请收集资料，回答以下问题。<br>1. 快大型肉鸡的概念是什么？<br>2. 快大型肉鸡的生产特点有哪些？ |

（续表）

<table>
<tr><td rowspan="3">获取信息</td><td colspan="4">3. 快大型肉鸡的饲养方式有哪些？</td></tr>
<tr><td colspan="4">4. 快大型肉鸡的饲养管理技术有哪些？</td></tr>
<tr><td colspan="4">5. 提高产品合格率的措施有哪些？</td></tr>
<tr><td>制订计划</td><td colspan="4"></td></tr>
<tr><td rowspan="6">任务实施</td><td colspan="4">按照预先制订的工作计划，完成本任务，并记录任务实施过程。</td></tr>
<tr><td>序号</td><td>完成的任务</td><td>遇到的问题</td><td>解决的办法</td></tr>
<tr><td></td><td></td><td></td><td></td></tr>
<tr><td></td><td></td><td></td><td></td></tr>
<tr><td></td><td></td><td></td><td></td></tr>
<tr><td></td><td></td><td></td><td></td></tr>
</table>

## 任务准备

### 一、知识准备

肉用仔鸡又称商品肉鸡，是没有达到性成熟就供给食用的幼龄鸡、青年鸡的统称。目前以 AA、罗斯 308、科宝 500 等快大型肉鸡养殖为主，一般饲养到 6~8 周，体重达 2.0~3.0 kg 即可上市。

#### （一）快大型肉鸡的生产特点

1. 早期生长速度快

快大型肉用仔鸡出壳重约 40 g，饲养 42 d 体重可达 2.4 kg 以上，为出生体重的 60 多倍。肉用仔鸡生长速度快是肉鸡产业高生产性能、高生产效率、高经济效益的首要条件。

2. 生产周期短，资金周转快

在我国，肉用仔鸡 6~7 周龄可达到上市标准，部分地区或禽场已接近世界水平。第一批鸡出栏后，鸡舍经两周清扫、消毒处理后又可进鸡，全年可出栏 5 批以上。因此，生产周期短，资金周转快。

3. 饲料转化率高

我国商品肉鸡料肉比已达到或接近世界水平。利用肉用仔鸡早期生长快的特点，缩短其饲养期，在6周龄上市，可进一步提高饲料转化率。饲料报酬高低是商品肉鸡生产成本高低、经济效益高低的关键。

4. 体重均匀度高

现代肉鸡不仅要求生长快、耗料少、成活率高，还要求体格发育均匀一致，出场时商品率高。如果体格大小不一，则降低商品等级，影响经济效益，给屠宰加工带来麻烦。如果采用公母分群饲养方法，均匀度则更高。

5. 适于高密度大群饲养，劳动生产率高

肉用仔鸡性情温顺、活动量小，大群饲养很少出现打斗现象（除吃料饮水外），具有良好的群居习性，不仅生长快，而且均匀整齐。因此，适于大群高密度饲养。在一般生产条件下，地面平养每人可管理2 000~3 000只肉用仔鸡；半机械化条件下，每人可管理3 000~5 000只。在部分地区肉用仔鸡饲养管理全过程基本实现了机械化、自动化，直接饲养人员一人可养1万~2万只，年可产5万~10万只，可见肉用仔鸡的劳动生产效率很高。

6. 肉用仔鸡腿部疾病较多，胸部囊肿发病率高

肉用仔鸡由于早期肌肉生长较快，而骨骼组织相对发育较慢，加之体重大、活动量少，腿骨和胸骨表面长期受压，易出现腿部和胸部疾病。此病会影响肉用仔鸡的商品等级，造成经济损失。

**（二）肉用仔鸡的饲养方式**

肉用仔鸡的性情温驯，飞跃能力差，生长快，体重大，但抗逆性差，对环境条件的变化敏感，容易发生骨骼外伤和胸部、腿脚病。因此，在选择饲养方式时对这些特性必须给予充分考虑。一般来说，肉鸡的饲养方式有地面垫料平养、网上平养、笼养和混合饲养的方式。

1. 地面垫料平养

地面垫料平养肉用仔鸡是目前国内外最普遍采用的一种饲养方式。方法是把鸡舍清理干净、消毒后，在舍内地面上铺一层5~18 cm厚的垫料，肉用仔鸡直接生活在垫料上。垫料要求松软、吸湿性强、未霉变、长短适宜，一般为5 cm左右。常用垫料有玉米秸秆、稻草、刨花、锯屑等，也可混合使用。这种方法简便易行，投资较少。肉仔鸡胸囊肿的发生率低，但是肉仔鸡会直接接触粪便，容易感染由粪便传播的各种疾病。

2. 网上平养

网上平养就是把肉仔鸡饲养在舍内高出地面约60 cm的塑料网或铁丝网上，粪便通过网孔落到地面，可在饲养完一批鸡后清理，也可安装自动清粪设备，定期清理。鸡群在网上饮食、饮水和活动，鸡通过网眼落到地面。网面网孔一般为2.5 cm×2.5 cm，前2周为了防止雏鸡脚爪从空隙落下，可在网上再铺一层网孔1.25 cm×1.25 cm的塑料网，2周后撤去。为了降低肉仔鸡胸部囊肿的发生率，一般在金属板

格上再铺上一层弹性塑料网。网上平养的优点是不需要垫料，劳动强度小，管理方便，减少了肉仔鸡和粪便接触的机会，减少了呼吸道疾病、大肠杆菌感染和球虫病等的发病率，明显地提高了成活率。缺点是投资比垫料平养高，清粪操作不便，若鸡直接与金属网面接触摩擦，易发生腿部和胸部囊肿。

3. 笼养

笼养就是将肉仔鸡养在3~5层的笼内，一般使用层叠式或阶梯式鸡笼，每一层配有承粪板。笼养提高了房舍利用率，便于管理。优点是能有效地控制球虫病的发生，提高饲养密度，提高鸡舍空间利用率，便于饲养管理和公母分饲，减少饲料浪费。但一次性投资较大，胸囊肿和腿病的发生率较高，故采用这种饲养方式的较少。

4. 混合饲养

结合了笼养和平养的优点，21日龄前在层叠式笼内饲养，21日龄后在网上平养或地面垫料平养。这种方式在饲养过程中需要转群，费时费力，而且容易导致鸡损伤。

**（三）肉仔鸡的营养需要**

肉仔鸡生长快，饲养周期短，饲粮必须含有较高的能量和蛋白质，对维生素、矿物质等微量成分要求也很严格。任何微量成分的缺乏或不足都会导致鸡出现病理状态，肉仔鸡在这方面比蛋雏鸡更为敏感，反应更为迅速。能量蛋白质不足时肉仔鸡生长缓慢，饲料效率低。据研究，肉仔鸡饲粮能量为13.0~14.2 MJ/kg，增重和饲料效率最高，而粗蛋白质含量为前期22%、后期21%时肉仔鸡生长最佳，虽然高能量、高蛋白质饲粮的生产效果很好，但由于饲粮成本随之提高，经济效益未必合算。生产中可根据饲粮成本、肉鸡售价以及最佳出场日龄来确定合适的营养标准。从我国当前的肉仔鸡生产性能和经济效益来看，肉仔鸡饲粮代谢能不低于12.5 MJ/kg，粗蛋白质含量以前期≥21%、后期≥19%为宜。同时，要注意满足必需氨基酸的需要量，特别是赖氨酸、蛋氨酸以及各种维生素、矿物质的需要。

**（四）肉用仔鸡的饲养**

1. 饮水

雏鸡进入育雏室后，检查饮水器是否漏水，一般应在出壳24 h让肉仔鸡饮到水，最长不超过36 h，经长途运输或在高温条件下的雏鸡，最好在饮水中加入5%~8%的多糖和适量的维生素C，连续用3~5 d，能起到增强雏鸡体质、缓解运输途中引起的应激、促进体内胎粪排泄的作用。初饮时饲养人员在每个圈内抓几只小鸡，将其喙部浸入水盘内，之后放下让其自己饮水，一般在一个圈内有几只雏鸡会饮水，其他雏鸡很快就会通过模仿学会饮水。开始的3~5 d用温水，水温应为18~20 ℃，以后改喂凉水，刺激雏鸡食欲。应每天更换新鲜的饮水，不可中断。饮水器均匀地放在饲料盘、保温伞或热源的附近，要求分布位置固定，使鸡容易找到水喝。使用饮水槽的鸡场，平均每只鸡至少要有2 cm的饮水位置。如果采用乳头式饮水器，最初2天将乳头调节到小鸡眼部高度，第三天提升水线，使雏鸡以45°角饮水，第四天起逐渐升高水线，到第十天鸡应以70°~80°角至饮水器下方饮水。

2. 开食

开食是养好肉仔鸡的重要环节，开食过早伤害消化器官，对以后生长发育不利；开食过晚会消耗雏鸡体力，使之变得虚弱，影响以后的存活与生长。正确的开食时间是在雏鸡出壳 24 h 进行，此时鸡群有 1/3 有啄食表现，在雏鸡饮水后 1~2 h 开始喂料。开食料应营养丰富、全价，且新鲜、易于消化，颗粒大小适中，易于啄食。如使用粉料，则应拌湿后再喂。把饲料放在小料盘或塑料布上，用手指轻轻敲击饲料就会引诱部分小鸡啄食饲料，雏鸡采食有模仿性，大群雏鸡很快就能学会采食。

3. 饲喂

（1）饲喂阶段划分。目前肉仔鸡的饲料配方采用三段制：0~3 周龄用前期料，4~5 周龄用中期料，6 周龄至出栏用后期料。也可采用两段制，即 4 周龄前用前期料，4 周龄后用后期料。

（2）饲喂颗粒饲料。颗粒饲料营养全面、比例稳定，不会发生营养分离现象，鸡采食时不会出现挑食，饲料浪费少。同时，颗粒饲料适口性好、体积小、密度大、肉鸡吃料多、增重快、饲料利用高。但颗粒饲料加工费高，肉鸡腹水综合征发病率高于粉料，因此要注意前期适当限饲。

（3）实行自由采食。从第一天开始到出栏，应充分饲养，尽可能诱使肉鸡多吃料，实行自由采食。喂料时应少喂勤添，一般每 2 h 添料 1 次，添料的过程也是诱导雏鸡采食的一种措施。2 h 后将料桶或料槽放在饲料盘附近以引导雏鸡在槽内吃料，5~7 d 后，饲喂用具可采用饲槽、料桶、链条式喂料机械等，槽位要充足。

（4）保证采食量。保证有足够的采食位置和采食时间，高温季节采取有效的降温措施，加强夜间饲喂；检查饲料品质，控制适口性差的饲料的使用量。

（5）逐渐换料。应当注意的是，各阶段之间在转换饲料时，应有 3~5 d 的过渡期，若突然换料，易使鸡群出现较大的应激反应，引起鸡群生长减慢甚至发病。不同阶段的饲料主要原料不应发生大的变化，突然换料导致鸡不爱吃新料，造成换料应激，在饥饿状态下容易导致壮鸡啄羽，弱鸡发病，病鸡死亡。

（6）减少饲料浪费。饲料要离地离墙存放，以防止霉变，不喂过期饲料。饲料要少加、勤加，加料达饲槽深度的 2/3 时浪费 12%，到饲槽的 1/3 时仅浪费 1.5%。加料次数多还有利于观察和引动鸡群，及时发现疾病和降低肉鸡胸囊肿的发病率。饲槽的槽边要和鸡背同高或稍高于鸡背，并随鸡的生长不断加高。

### （五）肉用仔鸡的管理

1. 采用“全进全出”制

“全进全出”是在同一时间范围内只进同一批雏鸡，饲养同一日龄鸡，并且出栏时间基本一致。雏鸡出栏后彻底打扫、清洗、消毒鸡舍，切断病原微生物的循环感染。消毒后密闭 1 周，再饲养下批鸡。现代肉鸡生产要求全部采用“全进全出”的饲养制度，这是保证鸡群健康、根除病原的根本措施。

2. 环境管理

（1）温度。适宜的温度是育雏成功的首要条件。温度计挂在鸡群中央，远离热源，高度与雏鸡站立时头部相平。供温标准：第一至第二天为 33~35 ℃，以后每天降温 0.5 ℃左右。在实际生产中，如果难以做到每天降温 0.5 ℃，一般以每周递减 2~3 ℃比较合适。从第五周起到出栏期间，环境温度保持在 20~24 ℃，这对增重速度和饲料转化率都极为有利，这是肉用仔鸡对温度要求的一大特点。

（2）湿度。育雏室湿度过高，雏鸡羽毛污秽、零乱、食欲不振、易患疾病、腹泻，并有利于霉菌和其他病原微生物特别是球虫卵囊发育而致病。湿度过低，雏鸡体内水分随着呼吸而大量散发，导致饮水增加，易发生腹泻和脚趾发干，同时妨碍羽毛生长。高温高湿是球虫暴发的有利条件，所以育雏应高度重视湿度的控制。育雏期（前 3 周）相对湿度控制在 65%~75% 最适宜，如鸡舍内湿度过高，则应增强通风，暂时减少带鸡喷雾消毒次数，改成 4~5 d 喷 1 次来改善。如湿度过低，空气干燥，则可用盆装已按比例稀释好的消毒水放在舍内，让其自由挥发，以增加湿度，同时增加带鸡消毒的次数，可每天喷雾 1~2 次。后期应避免高湿，相对湿度控制在 55%~60%，而此期因饮水量大、呼吸量大导致空气易潮湿，这时应添加干爽垫料，加强通风。

（3）通风。肉用仔鸡饲养密度大、生长发育迅速、代谢旺盛，鸡舍内的氨气、硫化氢、二氧化碳、一氧化碳等有害气体含量高，空气污浊，对鸡体生长发育不利，容易暴发传染病。因此，应加强舍内通风，保持舍内空气新鲜和适当流通。

肉用仔鸡对氨气最为敏感，当鸡舍有刺鼻氨味时，必须进行通风换气，否则会刺激鸡上呼吸道黏膜等，削弱仔鸡抵抗力，发生呼吸道疾病。氨气产于地面，所以越接近地面，含量越高。一般情况下，鸡舍氨气的浓度不能超过 20 $mg/m^3$。硫化氢浓度过高时易引起黏膜酸损伤和全身酸中毒，情况如同氨气。二氧化碳浓度过高，持续时间较长时造成缺氧。通风可以通过自然通风和机械通风完成。

（4）光照。光照时间尽可能长，延长鸡的采食时间，适应快速成长，缩短生长周期的需要；光照度要尽可能弱，减少鸡的兴奋和运动，提高饲料利用率。

①光照方法。

a. 连续光照法。即在进雏后的前 2 d，每天光照 24 h，让鸡尽可能适应新环境；3 日龄以后 23 h 光照，1 h 黑暗，黑暗时间在晚上，即天黑以后不开灯，停 1 h 后再开灯。此法的优点是雏鸡采食时间长、增重快，但耗电多，肉鸡腹水综合征、猝死、腿病发生较多。

b. 短光照法。即第一周每天光照 23~24 h，第二周每天光照 20~21 h，第三周以后每天光照 16 h，出栏前 1 周每天光照 22 h。此法可控制鸡的前中期增重，减少猝死、腹水和腿病的发病率，最后进行"补偿生长"，出栏体重没有降低却提高了成活率和饲料报酬。对于生长快，7 日龄体重达 175 g 的鸡可用此法。

c. 间歇光照法。在开放式鸡舍，白天采用自然光照，从第二周开始实行晚上间断照明，即喂料时开灯，喂完后关灯；在密闭式鸡舍，可实行 1~2 h 照明，2~4 h 黑暗的光照制度。此法不仅节约电费，还可促进肉鸡采食。但采用间歇光照，鸡群必须具备足够的采食、饮水槽位，保证肉仔鸡有足够的采食和饮水时间。

②光照度。由强到弱，第一周光照度为 15 lx；第二周光照度为 10 lx；第三周至

出栏降至 5 lx。初期光照度强有利于雏鸡熟悉环境，后期弱光可以减少啄癖的发生，利于鸡群安静。灯泡安装要有灯罩，以灯高度为 2 m、灯间距 3 m 为适宜，灯泡分布要均匀。一般每 10 $m^2$ 面积上安装 1 个 25 W 灯泡可提供 10 lx 的光照度。

（5）密度。肉用仔鸡饲养密度根据鸡舍结构、通风条件、饲养管理条件及品种性能来确定。随着雏鸡的日益长大，每只鸡所占的地面面积也相应增加，有利于提高肉仔鸡增重的一致性。

3. 公母鸡分群饲养

实行公母分群饲养，是近年来随着肉鸡育种水平和初生雏鸡性别鉴定技术的提高而发展起来的一种饲养制度，在国内外的肉用仔鸡生产中普遍应用。

（1）公母鸡的不同之处是公母雏生理基础不同，因而对生活环境、营养条件的要求和反应也不同。主要表现为生长速度不同，4 周龄时公鸡比母鸡体重重近 13%，7 周龄时重 18%；沉积脂肪的能力不同，母鸡比公鸡易沉积脂肪，反映出对饲料要求不同；羽毛生长速度不同，公鸡长羽慢，母鸡长羽快；表现出胸囊肿的严重程度不同，公鸡比母鸡胸部疾病发生率高。

（2）公母分群后的饲养管理措施。

①分期出售。按经济效益分别出栏，一般母鸡在 7 周龄以后增重速度相对下降，饲料消耗增加，这时若已达到上市体重可提前出栏；而公鸡在 9 周龄以后生长速度才下降，因而可养到 9 周龄时出栏。

②按公母调整日粮营养水平。公鸡能更有效地利用高蛋白质饲料，中、后期日粮蛋白质可分别提高至 21%、19%，母鸡则不能利用高蛋白质日粮，而且会将多余的蛋白质在体内转化为脂肪，很不经济，中、后期日粮蛋白质应分别降低至 19%、17.5%。

③按公母提供适宜的环境条件。公鸡羽毛生长速度慢，前期需要稍高的温度，后期公鸡比母鸡怕热，温度宜稍低；公鸡体重大，胸囊肿比较严重，应给予更松软更厚些的垫草。

④公母分群饲养可节省饲料，提高饲料的利用率；同时提高肉鸡体重均匀度，便于屠宰厂机械化操作。

4. 鸡群状况观察

观察鸡群的时间是早晨、晚上和饲喂的时候，这时鸡群健康与病态均表现明显。观察时，主要从鸡的精神状态、饮欲、食欲、行为表现、粪便形态等方面进行观察，特别是在育雏第一周这种观察更为重要。如鸡舍温度是否适宜，食欲如何，有无行为特别的肉仔鸡等。如果发现呆立、翅膀耷拉、闭目昏睡或呼吸有异常的仔鸡，要随即分出，并及时查找原因，对症治疗。

（1）从采食上观察。凡开食正常、健康发育的雏鸡，其采食正常，耗料量正常增加，体重增加明显，若鸡群耗料量和体重增加不明显，则要查明原因，合理解决。

（2）从行为上观察。对于正常雏鸡，叫声轻快，声音短而大，清脆悦耳，行动活泼，羽毛整洁，眼睛有神，休息时平坦地躺在保温伞周围。对于不正常雏鸡，叫声烦躁，声音大而叫声不停，不断发出“叽叽叽”的叫声，行动缓慢，站立休息，常常拥挤成堆，羽毛蓬乱，翅膀下垂。

（3）从粪便上观察。仔鸡正常粪便软硬适中，呈灰色，并有一层白霜样的尿酸盐沉淀，如粪便稀薄、黏稠、白色、血便或酱状，则肠胃系统消化不正常。

（4）从呼吸音上观察。饲养人员要在夜间仔细聆听仔鸡的呼吸音，健康仔鸡呼吸平稳无杂音。若仔鸡呼吸有啰音、咳嗽、呼噜、打喷嚏等症状，表明已患病，应及早治疗。

（5）从鸡冠颜色上观察。若鸡冠呈紫色，表明机体缺氧，可能患急性传染病；若鸡冠苍白、萎缩，可能患贫血、球虫病、伤寒等慢性传染病。

5. 防疫与消毒

（1）免疫。由于集约化规模生产，鸡群数量比较大，必须重视卫生防疫工作，各养殖场或养殖户要根据不同品种，结合当地鸡群实际发病情况进行免疫预防。肉用仔鸡主要是预防新城疫和传染性法氏囊病。

（2）疫病预防。根据养殖场实际，定期进行预防性投药，以确保鸡群稳定健康。如1~4日龄饮水中加抗菌药物，防治脐炎、鸡白痢、慢性呼吸道病等疾病，切断种蛋传播的疾病。17~19日龄再次用以上药物饮水3 d，为防止产生抗药性，可添加磺胺增效剂。15日龄后地面平养鸡，应注意球虫病的预防。也可以参照以下程序进行预防给药：10日龄用阿莫西林饮水，对机体起到一个净化作用；20日龄用氟苯尼考饮水，预防大肠杆菌；34~37日龄为疾病高发期，可提前用抗病毒中药和预防大肠杆菌药配合使用。用药总原则：30日龄前控制好呼吸道疾病，30日龄后以控制肠道疾病为主。

（3）鸡场消毒。养鸡场必须重视鸡舍、舍内设备以及鸡舍外环境的消毒工作。每批鸡出场后应将垫料、粪便全部清除，然后进行彻底冲洗，再进行消毒，消毒后空舍一段时间。在每次装运鸡后应及时打扫、清洗、消毒场地，并定期对舍外环境进行消毒，避免将病原带入鸡舍。鸡舍外环境消毒常用的消毒药物有过氧乙酸、百毒杀、抗毒威等，消毒时按药品说明要求进行。另外鸡舍每5~7 d进行一次带鸡消毒，各种消毒药应交替使用，必要时还可施行饮水消毒。

**（六）提高肉仔鸡产品合格率的措施**

1. 减少弱小个体

提高出栏整齐度，可以提高经济效益。分群饲养是保证鸡群健康、生长均匀的重要因素。第一次挑雏应在鸡雏到达育雏室进行。挑出弱雏、小雏，放在温度较高处，单独隔离饲喂。残雏应予以淘汰，以净化鸡群。第二次挑雏在雏鸡6~8 d进行，也可在雏鸡首次免疫时进行，把个头小、长势差的雏鸡单独隔离饲养。雏鸡出壳后要早入舍、早饮水、早开食，对不会采食饮水的雏鸡要进行调教。温度要适宜，防止低温引起腹泻和生长阻滞，从而长成矮小的僵鸡。饮水喂料器械要充足，饲养密度不要过大，患病鸡要隔离饲养、治疗。饲养期间，对已失去饲养价值的病弱残雏要进行随时淘汰。

2. 防止外伤

肉鸡出场时应妥善处理，即使生长良好的肉鸡，出场送宰后也未必都能加工成优等的屠体。据调查，肉鸡胴体等级下降有50%是因碰伤造成的，而80%的碰伤是发生在肉鸡运至屠宰场过程中，即出场前后发生的。因此，肉鸡出场时尽可能防止碰伤，这对保证肉鸡的商品合格率非常重要。应有计划地在出场前4~6 h使鸡吃光饲料，吊起或移出饲槽和一切用具，饮水器在抓鸡前撤除。为减少鸡的骚动，最好在夜晚抓鸡，舍内安装蓝色或红色光灯泡，使光照减至最小限度，然后用围栏圈鸡捕捉，要抓鸡的腰部，不能抓翅膀，抓鸡、入笼、装车、卸车、放鸡的动作要轻巧敏捷，不可粗暴丢掷。

3. 控制胸囊肿

胸囊肿就是肉鸡胸部皮下发生的局部炎症，是肉仔鸡常见的疾病。它不传染不影响生长，但影响屠体的商品价值和等级。针对产生原因应采取下列有效措施。

（1）垫料应尽量干燥、松软，及时更换黏结、潮湿的垫料，保持垫料应有的厚度。

（2）减少肉仔鸡卧地的时间，肉仔鸡每天有2~3 h的时间处于卧伏状态，卧伏时胸部受压时间长，压力大，胸部羽毛又长得晚，故易造成胸囊肿。应采取少喂多餐的办法，促使鸡站起来吃食活动。

（3）若采用铁网平养或笼养时，应加一层弹性塑料网。

4. 预防腿部疾病

随着肉仔鸡生产性能的提高，腿部疾病的严重程度也在增加。

引发腿病的原因有以下几类。

（1）遗传性腿病，如胫骨软骨发育异常、脊椎滑脱症等。

（2）感染性腿病，如化脓性关节炎、鸡脑脊髓炎、病毒性腱鞘炎等。

（3）营养性腿病，如脱腱症、软骨症、维生素B缺乏症等。

（4）管理性腿病，如风湿性和外伤性腿病。

预防肉仔鸡腿病，应采取以下措施。

（1）完善防疫保健措施，杜绝感染性腿病。

（2）确保矿物质及维生素的合理供给。

①避免因缺乏钙、磷而引起的软脚病。

②避免因缺锰、锌、胆碱、烟酸、叶酸、生物素、维生素B等所引起的脱腱症。

③避免因缺乏维生素B而引起的蜷趾病。

（3）加强管理，确保肉仔鸡合理的生活环境，避免因垫料湿度过大、脱温过早以及抓鸡不当而造成的腿病。

（4）适当限饲，放慢肉鸡的生长速度，减轻腿部骨骼的负担。

5. 预防肉仔鸡腹水综合征

肉用仔鸡由于心、肺、肝、肾等内脏组织病理性损伤，致使腹腔内产生大量积液的病称之为肉仔鸡腹水综合征。此病主要是由于环境缺氧而导致的。在生产中，肉仔鸡以生长速度快、代谢率旺盛、需氧量高为其显著特点。但它所处在高温、高密度、封闭严密的环境中，有害气体如氨气、二氧化碳等常使得新鲜空气缺少而导致缺氧；同时高能量、高蛋白的饲养水平，也使肉鸡氧的需要量增大而相对缺氧；

此外，日粮中维生素 E 的缺乏和长期使用一些抗生素等都会导致心、肺、肝、肾的损伤，使体液渗出而在腹腔内大量积聚。病鸡常腹部下垂，用手触摸有波动感，腹部皮肤变薄、发红，腹腔穿刺会流出大量橙色透明液体，严重时走路困难，体温升高。发病后使用药物治疗效果差。生产上主要通过改善环境条件进行预防，其主要措施有如下几种。

（1）早期适当限饲或降低日粮的能量、蛋白质水平，放慢肉鸡的生长速度，减轻肝、肾及心脏等的负担。

（2）降低饲养密度，加强舍内通风，保证有足够的新鲜空气供给。加强孵化后期通风换气。

（3）搞好环境卫生，减少舍内粉尘及其他病原菌的危害，特别是严格控制呼吸道疾病的发生。

（4）饲料中添加药物，如日粮中添加 1% 的碳酸氢钠及维生素 C、维生素 E 等，可降低发病率。

## 二、材料准备

（1）收集快大型肉鸡饲养基本情况。对当地肉鸡养殖情况进行调查，包括规模、养殖情况、养殖品种，为养殖户养鸡作参考。

（2）收集快大型肉鸡市场占有率的相关资料。收集快大型肉鸡市场规模及市场占有率。

（3）收集快大型肉鸡消费的相关资料。收集市面上快大型肉鸡消费需求量及其特点。

## 三、人员准备

人员分组，每组 5 人，明确职责分工（表 4–1）。

**表4–1 人员分工表**

| 任务角色 | 任务内容 |
|---|---|
| 组长： | 任务： |
| 组员 1： | 任务： |
| 组员 2： | 任务： |
| 组员 3： | 任务： |
| 组员 4： | 任务： |

## 任务筹划

**（一）内容筹划**

明确要调查的项目，重点调查饲养的品种、其品种特性、市场价格、市场占有率等。

**（二）方法筹划**

思考如何才能更好地了解到相关信息，获取信息资料的渠道有哪些，并对获取的信息进行分析汇总，形成可供村民使用的方案。

**（三）流程筹划**

第一步：深入了解快大型肉鸡的概念及其发展。

第二步：调查当地肉鸡饲养情况。

第三步：调查市面上常见肉鸡品种的情况。

第四步：为当地村民提供相关建议。

## 任务实施

步骤一：

步骤二：

步骤三：

步骤四：

任务总结：

## 任务检测

请扫描二维码答题。

## 任务评价

根据任务完成情况，对展示成果做出评价（表 4–2）。

**表4-2 工作任务完成过程评价表**

班级：________________ 组别：________________ 姓名：________________

| 项目 | 评分标准 | 分值 | 自我评价 | 小组评价 | 教师评价 |
|---|---|---|---|---|---|
| 内容评价 | 1. 体现快大型肉鸡的概念和发展 | 15 | | | |
| | 2. 体现快大型肉鸡的生产特点 | 20 | | | |
| | 3. 体现提高产品合格率的措施 | 15 | | | |
| 技能评价 | 1. 能够识别快大型肉鸡的主要品种 | 15 | | | |
| | 2. 快大型肉鸡相关信息的收集 | 5 | | | |
| | 3. 对于收集信息的整合和分析 | 5 | | | |
| | 4. 快大型肉鸡饲养管理 PPT 内容表述简洁明确，重点突出 | 15 | | | |
| 思政评价 | 1. 重视可持续畜牧业发展，尊重自然规律，提高产品质量 | 5 | | | |
| | 2. 精益求精，追求品质 | 5 | | | |
| 合计 | | 100 | | | |
| 自我评价与总结 | | | | | |
| 教师点评 | | | | | |

**课程 思政专栏**

## 快大型肉鸡生产技术

近年来，甘肃省庆阳市镇原县把肉鸡产业作为全县首位产业来抓，以创建国家现代肉鸡产业园区为目标，通过提高政策扶持力度、创新养殖经营模式、建设标准化商品鸡场、延长肉鸡产业链条等措施，倾力打造百亿级肉鸡产业链条，为乡村振兴培育新动能。

镇原县以甘肃某农牧发展有限公司为龙头，以现代肉鸡产业园为平台，以市场为导向，以促农增收为目标，发展形成了以城关镇、临泾镇、屯字镇、上肖镇、平泉镇、郭原乡等 12 个重点乡镇为核心的种鸡孵化和肉鸡养殖区。着力打造以位于镇原金龙工业集中区的圣越白羽肉鸡产业园为核心的肉鸡精加工产业，实现肉鸡加工从原有粗加工向精加工、中低档向高档、低附加值向高附加值的转变。

截至 2023 年，甘肃某农牧发展有限公司累计投资 50.27 亿元，建成种鸡场 14 个、肉鸡场 42 个，孵化中心、肉鸡加工厂、有机肥厂各 2 个，分子膜发酵基地、饲料厂和物流中心各1个。2023年，肉鸡饲养量达6 953万羽，屠宰量达5 791万羽，生产鸡肉产品12.3万t，实现销售收入14.1亿元。同时，肉鸡产业项目带动全县5万户群众种植玉米28万亩[①]、小麦14万亩、大豆15万亩，实现纯收入10.5亿元，户均增收2.1万元。

（来源："中国白羽肉鸡"微信公众号）

**【启示】**从传统饲养升级到如今的自动化设备饲养，不仅让养殖户省力又省心，且养殖更高效。2023年年末，中央经济工作会议强调了更新设备和推动消费品更新换代的重要性。紧接着，在2024年2月23日，中央财经委员会在第四次会议中进一步明确了推动新一轮大规模设备更新及消费品更新换代的政策方向。

为了落实这些政策目标，2024年3月1日，召开了国务院常务会议。在会议上，审议并通过了《推动大规模设备更新和消费品以旧换新行动方案》等相关文件，这标志着政府将采取具体行动来推动这一政策的实施。

通过这些措施，政府希望能够促进产业结构的优化升级，加快科技创新和技术进步，同时也为消费者提供更多更新更好的产品选择。这不仅有助于提高生产效率和产品质量，还能够刺激消费需求，推动经济增长进入一个新的周期。

# 任务二　优质肉鸡的生产

## 任务导入

优质肉鸡又称精品肉鸡。优质黄羽肉鸡是指在很大程度上保持了我国地方鸡种的外貌、风味、滋味和口感的特色，具有生长速度和饲料转化率的杂交品系或非杂交系。家禽业界对优质肉鸡达成的基本共识是，具有一定比例地方鸡种血缘，须经饲养到一定日龄，肉质鲜美、风味独特、营养丰富，符合某一地区烹调方法的要求，具有符合该地区和民族喜好的体形外貌和较高的生产性能。我国有很多优良地方肉用（或肉蛋兼用）品种以外貌诱人、肉质细嫩、味道鲜美、风味独特而闻名。我国的这些优良地方品种鸡，其不足之处在于生长速度比较缓慢，就巢性强，繁殖力低，不适宜于集约化养殖，饲养效益不显著。经过我国育种工作者对这些地方品种进行适宜的杂交改良，或纯系封闭选育方式，培育出一些优质肉鸡新品系，不仅很大程度上保留了地方鸡种的外貌、风味、滋味和口感，生长速度和饲料转化率比地方鸡种明显提高，适合集约化养殖，具有相当的市场竞争力。请为当地优质肉鸡养殖企业做一个宣传演讲PPT，拓宽其销路。

① 1亩≈667m²，全书同。

## 任务工单

班级：________________　姓名：________________　学号：________________

<table>
<tr><td>任务名称</td><td colspan="4">肉质肉鸡生产技术</td></tr>
<tr><td>任务描述</td><td colspan="4">任务内容：制作 PPT，介绍优质肉鸡的概念、分类、评定和饲养管理技术。<br>任务目的：帮助当地企业进行宣传。<br>任务流程：首先，搜集当地优质肉鸡饲养信息，确定品种、饲养规模、市场价格等情况，详细分析资料；然后，根据理论知识制作完整的 PPT。<br>任务方法：通过线上线下多种途径结合的方法进行资料的收集，并学习 PPT 的制作。</td></tr>
<tr><td>获取信息</td><td colspan="4">要完成任务，需要掌握相关的知识。请收集资料，回答以下问题。<br>1. 优质肉鸡的概念是什么？<br><br>2. 优质肉鸡的分类有哪些？<br><br>3. 如何对优质肉鸡进行评定？<br><br>4. 影响肉质的因素有哪些？<br><br>5. 如何对优质肉鸡的饲养进行管理？</td></tr>
<tr><td>制订计划</td><td colspan="4"></td></tr>
<tr><td rowspan="6">任务实施</td><td colspan="4">按照预先制订的工作计划，完成本任务，并记录任务实施过程。</td></tr>
<tr><td>序号</td><td>完成的任务</td><td>遇到的问题</td><td>解决办法</td></tr>
<tr><td></td><td></td><td></td><td></td></tr>
<tr><td></td><td></td><td></td><td></td></tr>
<tr><td></td><td></td><td></td><td></td></tr>
<tr><td></td><td></td><td></td><td></td></tr>
</table>

## 任务准备

### 一、知识准备

优质肉鸡是指其肉品在风味、鲜味和嫩度等方面都优于快大型肉鸡，具有适合当地人们消费习惯所要求的特有优良性状的肉鸡品种或品系，生长速度相对缓慢。

#### （一）优质肉鸡的概念

优质肉鸡是指肉质特别鲜美嫩滑、风味独特的肉鸡类型。一般是与肉用鸡相对而言的，它反映的是肉鸡品种或杂交配套品系，往往具有某些优良地方品种的血缘与特性，优质肉鸡在鸡肉的嫩滑鲜美、营养品质、风味、系水力等方面应具有突出的优点。

优质肉鸡在生长速度方面往往不及快大型肉鸡品种，但鸡肉品质优良，外貌和胴体品质等指标更适合消费者需求。

优质肉鸡包含了肉鸡共同的优质性，是肉鸡优良品质在某些方面具体而突出的体现，适于传统式加工烹调。

#### （二）优质肉鸡的分类

按照生长速度，我国的优质肉鸡可分为 3 种类型，即快速型、中速型和慢速型。优质肉鸡生产呈现多元化的格局，不同的市场对外观和品质有不同的要求。

1. 快速型

快速型优质肉鸡一般含有较多的国外品种血缘，上市早，生产成本低，肉质风味较差，快速型商品鸡 50~55 日龄上市，活重 1.5~1.7 kg。类型有快大三黄鸡、快大青脚麻鸡、快大黄脚麻鸡等。消费区域在北方地区以及长江中下游地区。因其肉质明显差于中慢速优质肉鸡，在南方地区特别是华南地区呈逐渐萎缩之势。

2. 中速型

中速型优质肉鸡含外来鸡种血缘较少，体型外貌类似地方鸡种，因此也称为仿土鸡。中速鸡公鸡 60~70 日龄上市，母鸡 80~90 日龄上市，活重一般在 1.5 kg 左右。这种类型的优质肉鸡价格合适、体型适中、肉质较好，得到消费者的普遍认可，占有很大的市场份额，各大优质肉鸡育种公司都有推出。消费区域主要为香港、澳门和广东省珠江三角洲地区。

3. 慢速型

以地方品种或以地方品种为主要血缘的鸡种，生产速度较慢，肉质优良，售价较高。港澳地区及华南各省对慢速型需求量大，近年来在北方市场增长速度也较快。慢速型公鸡 80~90 日龄出栏，母鸡 100~120 日龄出栏，活重 1.2~1.4 kg。慢速型优质肉鸡肉质最好，但饲养期长，养殖成本高。慢速型优质肉鸡外貌要求冠红而大、羽毛光亮、胫细。消费区域主要为广西壮族自治区、广东湛江地区和广州市部分地区。

#### （三）优质肉鸡的评定

优质肉鸡的性状包括以下 8 个方面。

1. 体形外貌

体形符合品种的要求，羽毛整齐干净光亮，毛色鲜明而有光泽，双眼明亮有神，精神良好，冠和肉髯鲜红润泽，双脚无残疾等。

2. 胴体外观

要求胴体干净，皮肤完整，无擦伤、扯裂、囊肿，无充血、水肿，无骨骼损伤。胴体肌肉丰满结实，屠宰率高，皮肤颜色表现该品种颜色，如黄色或淡黄色、黄白色。

3. 保存性

主要由鸡肉本身的化学和物理特性而决定，表现在加工、冷冻、贮藏、运输等过程中承受外界因素的影响、保持自身品质的能力。

4. 卫生

是指肉鸡胴体或鸡肉产品符合人们的食用卫生条件，如胴体羽毛拔除干净，无直毛、血污或其他污物附着，肉质新鲜无变质、无囊肿，最重要的卫生条件是鸡肉产品来自正常健康的肉鸡，无重大传染性疫病感染。

5. 安全性

是指鸡肉产品不含对人体健康构成危害的因素，或是含有某些极微量的对人体不利的物质，但达不到构成对人们健康危害的程度。主要包括 3 个方面：一是没有传播感染人类健康的病原微生物，如禽流感病毒、金黄色葡萄球菌、大肠杆菌、沙门氏杆菌等；二是在加工贮藏、运输等过程中没有污染对人体有害的物质；三是在饲养过程中使用的药物、添加剂、色素或其他物质等应严格控制在国家规定的许可范围之内。这是当前我国优质肉鸡产品的最突出和最迫切需要解决的问题。

6. 鲜嫩度

是指鸡肉的肌纤维结构、肌间脂含量、肌纤维的粗细等多方面的含义，鲜嫩度同样受到品种、性别、年龄、出栏时期、肌肉组织结构、遗传因素、加工方法等许多因素的影响。

7. 营养品质

鸡肉所含的蛋白质、脂肪、水分、灰分、维生素及各种氨基酸的组成等是优质肉鸡营养品质的主要内容。鸡肉是公认的最好的营养食品之一，其蛋白质含量比许多畜禽要高，而脂肪含量则较少。

8. 风味

是指包括味觉、嗅觉和适口性等多方面的综合感觉，包括鸡肉的质地、鲜嫩度、pH 值、多汁性、气味和滋味。鸡肉风味受许多因素影响，主要有鸡的品种、年龄、生长期、性别等。饲料种类和饲养方式，加工过程中的放血、去毛、开膛、净膛、冷冻、包装、贮藏和烹调等也会影响鸡肉风味。

**（四）影响肉质的因素**

1. 品种

肉鸡性成熟早、皮下脂肪少、肌间脂肪分布均匀、肌纤维细小、肌肉鲜美滑嫩等特性都是由品种决定的，所以品种是优质肉鸡的主要决定因素。

2. 生长速度

一般来说，生长速度快的肉鸡，其产量虽高，但鸡肉品质往往较差；肌肉纤维直径的增大以及肌肉中糖解纤维比例增高，蛋白水解力下降，还会引起肌肉苍白，系水力降低，而这些指标都是评价优质肉鸡的重要指标。

3. 饲料营养

饲料中的营养物质是构成鸡肉产品的物质基础，供给肉鸡理想的全价饲料，同时又严格地控制饲料中有害物质的含量，是保证肉质的最重要措施之一。

4. 年龄

年龄大小关系到鸡的体成熟程度、性成熟程度、肌肉组织的嫩度、骨骼的硬化、鸡肉的含水量和系水力、脂肪的积累与分布等重要优质肉品指标。

5. 性别

不同的消费群体，性别往往被认为是影响肉质的一个重要因素。如在我国南方地区，母鸡比公鸡的价格高很多，主要是人们认为母鸡的肉质、风味和营养比公鸡好，而在北方某些地区则正好相反。

6. 性成熟

性成熟的影响和年龄的影响存在许多共同点，主要是因为性成熟和出栏日龄对鸡肉的风味、滋味的浓淡具有明显影响，一般认为母鸡开产前的鸡肉风味最好。

7. 生长环境

许多人认为，放养在舍外的肉鸡，其肉质风味较舍内圈养或笼养肉鸡更好。在野外放养的肉鸡可自由采食植物及其果实与昆虫。良好的生长环境，阳光照射、清新的空气、洁净的泉水等可饲养出更高品质的肉鸡。故环境对肉质的影响是多方面的、综合性的。

8. 运动

运动有利于改进鸡肉品质，改善机体组织成分的组成比例，也有利于增强抵抗疾病的能力，最终影响肉鸡产品的品质。

9. 加工

肉鸡在屠宰加工过程中的浸泡、拔毛、开膛、冲洗等环节都对肉鸡胴体的外观、肉质有重大的影响。

10. 保存

对屠宰加工后鸡肉产品进行冷冻保存的时间、温度、速度都会对细胞组织起破坏作用而影响肉质。一般来说，0~3 ℃的冷藏对肉质风味影响较小，但保存时间较短；冷冻状态下，尽管延长了贮存时间，但破坏了鸡肉组织结构，从而影响了产品风味；而在温热的条件下，肉质却极易变质，甚至发生腐败。

**（五）优质肉鸡的饲养管理**

根据优质肉鸡的生长发育特点，一般将饲养期分为 3 个阶段，即育雏期（0~6 周）、生长期（7~11 周）和育肥期（12 周及以上）。

1. 育雏期饲养管理

（1）温度。适宜的温度是育雏成活率高的关键。育雏阶段 0~1 周龄时适宜温度为 32~35 ℃，2~3 周龄时为 24~31 ℃，4 周龄时为 20~23 ℃。盛夏高温要注意降温。

（2）湿度。适宜的湿度有利于卵黄的吸收，防止雏鸡脱水。一般 1~10 日龄相对湿度为 70% 左右，10 日龄以后，相对湿度控制在 50%~60% 为宜。

（3）补充光照。优质肉鸡的光照制度与肉用仔鸡有所不同，肉用仔鸡光照是为了延长采食时间，促进生长，而优质肉鸡光照还具有促进其性成熟，使其上市时冠大面红、性成熟提前的作用。合理的光照制度有助于提高优质肉鸡的生产性能。1~3 日龄每天光照 23 h，4~7 日龄光照 20 h，8~13 日龄光照 16 h，14 日龄至育肥前 15 d 采用自然光照，育肥前 14 d 至育肥前 7 d 光照 16 h，育肥前 6d 至育肥期光照 20 h，育肥期光照 23~24 h。1~3 日龄和育肥期光照强度为 20 lx，4 日龄至育肥前光照强度为 10 lx。

（4）通风。保持室内空气新鲜是保障雏鸡健康生长的重要条件。夏季要通过多通风来达到降温去异味，冬季当通风与保温存在矛盾时，可在晴天中午开南面上方窗换气。切忌穿堂风、冷寒风直吹鸡体。

（5）适时饮水和开食。雏鸡尽早开食和饮水，而且做到料、水不断，自由采食。

（6）断喙。对于生长速度慢、饲养周期较长的肉鸡，容易发生啄羽、啄肛等恶癖，需要进行断喙处理。

（7）卫生。良好的卫生状况是雏鸡健康的基本保证。做到每天打扫卫生，洗刷饮水器、食盆及食槽，每天更换清洁饮水和饲料。及时清除粪便、更换垫料。做到“六净”：鸡体净、饲料净、饮水净、食具净、工具净和垫料净。

2. 生长期饲养管理

（1）公母分群饲养。优质肉鸡公鸡个大体壮、竞食能力强，对蛋白质利用率高，增重快。母鸡沉积脂肪能力强，增重慢，饲料效率低。公母分群饲养可根据公母雏鸡生理基础的不同，采用不同的饲养管理方法，有利于提高增重、饲料转化率和群体均匀度，以便在适当的日龄上市。

（2）营养水平调整。在日粮中要供给高蛋白质饲料，以提高成活率和促进早期生长。为适应其生长周期长的特点，从中期开始要降低日粮中的蛋白质含量，供给沙粒，提高饲料的消耗率。生长后期，提高日粮能量水平，最好添加少量脂肪，对改善肉质、增加鸡体肥度及羽毛光泽有显著作用。

（3）饲养密度管理。育雏期饲养密度一般为每平方米 30 只肉鸡，进入生长期后应调整为 10~15 只。食槽或料桶数量要配足，并升高饲槽高度，以防止鸡只挑食而把饲料扒到槽外，造成浪费。同时保证充足、洁净的饮水。

（4）保持稳定环境。由于优质肉鸡的适应性比快大型肉鸡强一些，所以鸡舍结构可以比较简单，但在日常管理中要注意天气变化对鸡群的影响，尽量使环境相对稳定，减少高温和寒冷季节造成的不良影响。

（5）加强卫生防疫。鸡舍要经常清扫，定期消毒，保持清洁卫生，并做好疫苗的预防接种工作。饲料中添加抗菌、促长类保健添加剂，以预防传染性疾病的发生。根据优质肉鸡饲养周期的长短和地区发病特点确定防疫程序。

（6）阉割肉鸡。优质肉鸡具有土鸡性成熟较早的特点。性成熟时，公鸡会因追逐母鸡而争斗，采食量下降，影响公鸡的肥度和肉质。可以通过公鸡去势，达到改善品质、有利育肥的目的。不同品种类型的鸡性成熟期不同，去势时期也不同，一般认为肉鸡体重在 1 kg 时进行阉割较为合适。阉割的日龄大小往往会影响阉鸡的成活率和手术难易程度。如过迟、过大去势，鸡的出血量增加，甚至可能导致死亡；如过早、过小去势，则睾丸还小，难以操作。此外，还应选择天气晴朗、气温适中的时节进行阉割；否则，阉鸡伤口容易感染，抵抗力下降，发病率和死亡率增高。

3. 育肥期饲养管理

育肥期一般持续 15~20 d。此期的饲养要点是促进鸡体内脂肪的沉积，增加肉鸡的肥度，改善肉质和羽毛的光泽度。在饲养管理上应注意以下 3 点。

（1）更换饲料。育肥期要提高日粮的代谢能量，相对降低蛋白质含量。能量水平一般要求达到 12.54 MJ/kg，粗蛋白质含量在 15% 左右即可。为了达到这个水平，往往需增加动物性脂肪，但不能添加鱼油、牛油、羊油等有异味的油脂。

（2）放牧育肥。让鸡多采食昆虫、嫩草、树叶、草根等野生资源，可以节约饲料，提高鸡的肉质风味，使上市鸡的外观、肉质更适应消费者的要求。但在进入育肥期应减少鸡的活动范围，相应地缩小活动场地，目的是减少鸡的运动，利于育肥。

（3）重视杀虫、灭鼠和清洁消毒工作。老鼠既偷吃饲料、惊扰鸡群，又是疾病传播的媒介，所以要求每月毒杀老鼠 2~3 次（要注意收回死鼠、药物）。苍蝇、蚊子也是传播病原的媒介，要经常施药喷杀蚊子、苍蝇。育肥期间，棚舍内外、饲槽、工具要经常清洁和消毒。

4. 适时销售

适宜的饲养期是提高肉质的重要环节。饲养期太短，鸡肉中水分含量多，营养成分积累不够，鲜味素及芳香物质含量少，肉质不佳，达不到优质肉鸡的标准；饲养期过长，则肌纤维过老，饲养成本大。根据优质肉鸡的生长生理和营养成分的积累特点，以及公鸡生长快于母鸡、性成熟早等特点，确定小型肉鸡公鸡 100 日龄、母鸡 120 日龄上市，中型肉鸡公鸡 110 日龄，母鸡 130 日龄上市。此时上市鸡的体重，鸡肉中的营养成分、鲜味素、芳香物质的积累基本达到成鸡的含量标准，肉质又较嫩，是体重、质量、成本三者的较佳结合点。

## 二、材料准备

（1）收集当地养鸡场的基本情况。对当地养鸡场养殖肉鸡情况进行调查，包括规模、养殖方式、养殖品种，为养殖户养鸡作参考。

（2）收集优质肉鸡品种的相关资料。收集市面上常见的优质肉鸡品种及其生产性能。

（3）收集国产高产优质肉鸡品种的相关资料。收集我国优质的地方品种资源及其生产性能。

## 三、人员准备

人员分组，每组 5 人，明确职责分工（表 4–3）。

**表4–3　人员分工表**

| 任务角色 | 任务内容 |
| --- | --- |
| 组长： | 任务： |
| 组员 1： | 任务： |
| 组员 2： | 任务： |
| 组员 3： | 任务： |
| 组员 4： | 任务： |

## 任务筹划

**（一）内容筹划**

明确要调查的项目，重点调查饲养的品种，其品种特性、市场价格、市场占有率等。

**（二）方法筹划**

认真思考如何才能获取更好的信息，通过哪些渠道获取信息资料，并对这些资料进行加工编纂，形成可供村民选择的方案。

**（三）流程筹划**

第一步：深入了解优质肉鸡的概念及其发展。

第二步：调查在当地养殖业养鸡情况。

第三步：调查市面上常见的优质型品种的情况。

第四步：为养殖户提供相关建议。

## 任务实施

步骤一：

步骤二：

步骤三：

步骤四：

任务总结：

## 任务检测

请扫描二维码答题。

## 任务评价

根据任务完成情况，对展示成果做出评价（表 4–4）。

**表4–4　工作任务完成过程评价表**

班级：____________　组别：____________　姓名：____________

| 项目 | 评分标准 | 分值 | 自我评价 | 小组评价 | 教师评价 |
|---|---|---|---|---|---|
| 内容评价 | 1. 体现相关背景知识 | 15 | | | |
| | 2. 体现优质肉鸡是饲养管理技术 | 20 | | | |
| | 3. 体现市场上的常见优质肉鸡品种的信息 | 15 | | | |
| 实操技能 | 1. 能够识别优质肉鸡的主要品种 | 15 | | | |
| | 2. 收集我国优良的地方品种信息 | 5 | | | |
| | 3. 整合分析我国地方资源 | 5 | | | |
| | 4. PPT 内容简洁明确，重点突出，对当地的肉鸡饲养提供实际指导 | 15 | | | |
| 思政素养 | 1. 明白种质资源创新的重要性，实现可持续发展 | 5 | | | |
| | 2. 能够承受生活中的压力，蓄积力量，实现梦想 | 5 | | | |
| 合计 | | 100 | | | |
| 自我评价与总结 | | | | | |
| 教师点评 | | | | | |

课程 思政专栏

## 科学标准化养殖 打造肉鸡产业链

乡村振兴，产业先行。近年来，湟中区李家山镇某牧业有限公司以自动标准化喂养、打造生态循环农业为路径，发展壮大肉鸡产业链，助力乡村振兴。

李家山镇某牧业有限公司负责人蒲常廷说："公司共有鸡舍 14 栋，有 5 栋鸡舍实现智能化养殖，包括喂水、投料、鸡粪处理已经形成自动化模式，合作社年出栏商品肉鸡 50 多万只，营业额达到 2 000 多万元。我们合作社的饲料配方都是我自己参与，根据鸡的生长速度、生长周期、生长日龄严格配比制定的，科学的喂养能够更好地提升肉鸡的品质。"目前，《高海拔地区黄羽肉鸡标准化养殖技术》《高海拔地区黄羽肉鸡研究与示范》等技术获得了 4 个科技成果奖、4 项实用性专利，1 项发明性专利，也给鸡场带来了实际的效益。"我们把鸡粪收集在一起，集中发酵然后低价销售给周边温室大棚以及种玉米的农户，我们回收他们种的玉米作饲料来喂鸡，这种'种养结合'的发展模式，实现了农业生态循环、绿色发展。"近年来，湟中区积极鼓励引导农业龙头企业加强与科研院校合作，加大良种推广力度，目前全区肉鸡良种率达到 100%。

目前该牧业有限公司共带动 1 000 多户周边农户从事家禽养殖业。经过十几年的发展，已成为青海省肉鸡养殖规模最大、技术力量雄厚、带动农户就业较多的养殖公司。

（来源："湟中融媒"微信公众号）

**【启示】**启航新征程，扬帆再出发。党的二十大报告中提出，要全面推进乡村振兴，坚持农业农村优先发展，要对禽业养殖未来的发展充满信心。产业振兴是乡村全面振兴的基础和关键。乡村振兴是包括产业振兴、人才振兴、文化振兴、生态振兴、组织振兴的全面振兴，其中最重要、最根本、最关键的是产业振兴。

实施乡村振兴战略，仍要坚持精准发力，从供求两端着眼，科学发展特色优势产业，有效推进乡村产业振兴。

# 项目五 水禽生产

## 项目导读

水禽包括鸭、鹅、鸿雁、灰雁等以水面为生活环境的禽类动物（其中，迁徙水鸟包括天鹅、雁鸭类、丹顶鹤、白枕鹤和蓑羽鹤）。水禽类的尾脂腺特别发达，此类候鸟大都在有水的地方如湿地、岸边等活动，另外鸭等水禽类善于在池塘中戏水。水禽类冬季的绒羽十分丰厚。它们主要在水中觅食，部分种类有迁徙的习性。本项目包括当地水禽生产技术的调查、鸭鹅的填饲技术，鹅的活拔羽绒操作技术。

## 知识目标

①了解当地的水禽生产的情况。
②了解水禽的市场。
③掌握水禽的生产技术。
④掌握水禽的主要产品。
⑤掌握鸭鹅的填饲技术。
⑥掌握鹅的活拔羽绒技术。

## 技能目标

①能够查阅、分析整理水禽的生产资料。
②能够对鸭鹅进行填饲育肥。
③能够对鹅进行活拔羽绒。

## 素质目标

①培养学生分析和解决问题的能力。

②建立科学精神，认识到科学技术就是第一生产力。

③能够运用知识解决实际问题。

# 任务一　水禽生产技术的调查

## 任务导入

肉鸭产业链包括种鸭育种及养殖、商品鸭养殖、饲料加工、屠宰分割、食品加工、羽绒加工等多个环节，是中国传统特色产业，是畜牧产业的重要组成部分，对社会经济和居民消费非常重要。

目前青海省养殖水禽的企业相对稀少，具有较大的市场前景，青海省贵德县某企业准备成立养殖水禽的合作社来弥补这一空白。请结合当地的自然条件及市场，制作一份市场调查报告，给出合理的意见。

## 任务工单

班级：__________　姓名：__________　学号：__________

| 任务名称 | 水禽生产技术调查 |
|---|---|
| 任务描述 | 任务内容：制作一份关于贵德县水禽养殖市场的调查报告。<br>任务目的：帮助贵德县养殖企业了解当地水禽市场。<br>任务流程：首先要搜集相关信息，然后分析资料，最后撰写市场调研报告。<br>任务方法：通过线上线下多种途径结合的方法进行资料的收集，并学习调查报告的撰写。 |
| 获取信息 | 要完成任务，需要掌握相关的知识。请收集资料，回答以下问题。<br>1. 水禽的概念是什么？<br><br><br>2. 我国常见的水禽有哪些品种？<br><br><br>3. 各种水禽品种的特性及其适应性有哪些？ |

（续表）

<table>
<tr><td rowspan="2">获取信息</td><td colspan="4">4. 我国水禽业的市场现状如何？<br><br>5. 水禽的经济价值有哪些？</td></tr>
<tr></tr>
<tr><td>制订计划</td><td colspan="4"></td></tr>
<tr><td rowspan="6">任务实施</td><td colspan="4">按照预先制订的工作计划，完成本任务，并记录任务实施过程。</td></tr>
<tr><td>序号</td><td>完成的任务</td><td>遇到的问题</td><td>解决的办法</td></tr>
<tr><td></td><td></td><td></td><td></td></tr>
<tr><td></td><td></td><td></td><td></td></tr>
<tr><td></td><td></td><td></td><td></td></tr>
<tr><td></td><td></td><td></td><td></td></tr>
</table>

## 任务准备

### 一、知识准备

#### （一）国际方面

依据中国畜牧业协会与联合国粮食及农业组织（FAO）提供的数据分析，对我国水禽产业市场供求关系进行推算，2022 年世界肉鸭出栏量约 55.9 亿只，与 2021 年相比有一定幅度减少。其中，亚洲占比最大，约 85%。其次是欧洲，约占 11%。全世界肉鸭出栏量按出栏只数排名前 5 位的国家是中国、缅甸、越南、法国、孟加拉国。按出栏重量排名前 5 位的国家是中国、法国、缅甸、越南、马来西亚。其中，中国肉鸭出栏重量占世界总量的比重约为 69%。2022 年世界肉鹅出栏量约 5.3 亿只，与 2021 年相比减少约 18%。其中，亚洲约占 95%，欧洲约占 3.4%，美洲与非洲约占 1.6%。中国是世界肉鹅出栏量最多的国家，其次是埃及、波兰、缅甸、匈牙利。目前，全球禁止生产鹅肝的国家包括：阿根廷、捷克、丹麦、芬兰、德国、爱尔兰、以色列、意大利、卢森堡、荷兰、挪威、波兰、瑞典、瑞士和英国。这些国家只是禁止生产，并不禁止销售。而印度是全球唯一全面禁止鹅肝生产和销售的国家。

在国际市场上，我国水禽产品的进出口总量稳居世界第一。根据联合国粮食及农业组织（FAO）提供的数据，近5年来，水禽产品出口量居前四位的国家始终为中国、匈牙利、荷兰、法国等国家；水禽产品进口量居前四位的国家始终为德国、中国、英国、法国等国家，且德国近5年来水禽进口量一直远超其他国家。从世界水禽贸易来看，各国进出口也呈现出上升趋势，预计在严格防控禽流感等疫病影响下，2024年世界各国水禽产品进出口贸易将进一步增长。

**（二）国内方面**

1. 从国内水禽产业生产相关政策来看

2022年9月，农业农村部办公厅发布《关于公布饲料中豆粕减量替代典型案例的通知》。按照农业农村部部署，各地在饲料养殖行业实施豆粕减量替代行动，大力推广低蛋白多元化饲料精准配方技术，取得了明显成效。部分饲料养殖企业在实践中探索出成功的技术路径，涌现了一批典型案例，为全行业豆粕减量使用作出了示范。2022年10月14日，中国动物疫病预防控制中心组织全国动物防疫专家委员会禽病组专家编写了《秋冬季高致病性禽流感防控技术要点》，建议针对不同饲养周期家禽，制定科学合理的免疫程序，确保基础免疫完善、及时补免。要选择国家批准的疫苗厂生产的合格禽流感疫苗进行接种，确保免疫效果。2022年10月30日，十三届全国人大常委会第三十七次会议表决通过新修订的《中华人民共和国畜牧法》。此次修订坚持问题导向和目标导向，加快构建现代畜禽养殖、防疫和加工流通体系，进一步强化畜禽种业自主创新，筑牢动物疫病防控风险防线，推动畜牧业绿色发展，完善支持保障措施及畜禽产品保供稳价制度，更好满足人民群众多元化的畜禽产品消费需求。

2. 从水禽产品价格来看

据对全国23个水禽主产省（自治区、直辖市）水禽生产情况的调查统计，2023年水禽产业总产值2 172.41亿元，较2022年增长2.54%。全年商品肉鸭出栏42.18亿只，较2022年增长5.40%；肉鸭总产值1 263.69亿元，较2022年增长5.04%。蛋鸭存栏1.49亿只，较2022年下降1.32%；鸭蛋产量267.05万t，较2022年增长0.81%；蛋鸭总产值377亿元，较2022年下降3.03%。商品鹅出栏5.15亿只，较2022年增长10.04%；肉鹅产值531.72亿元，较2022年增长0.95%。

3. 从对外贸易来看

2023年我国水禽进出口均呈现上升趋势，尤其是出口贸易有较大幅度增长。根据中华人民共和国海关总署的数据统计，2023年1—11月，整只冻鸭出口量约为1 396.6 t，出口金额为16 740.8万元，相比上年同期增长16%。冻的鸭块及杂碎出口量约为967.4 t，出口金额为11 250.4万元，出口量与金额基本是上年同期的2倍。从2023年各月份贸易情况来看，1—11月，不论从数量还是金额上来看，我国鸭产品出口均大致呈现增长态势。

## 二、材料准备

（1）收集水禽养殖相关信息。对我国水禽养殖的相关情况进行调查，包括主要的品种、市场情况，这些品种的适应性以及生产性能。

（2）收集青海省贵德县的相关信息。主要包括当地的养殖政策，环保的要求，水禽产品的主要市场、销路，调查当地的自然情况。

（3）收集能否在该地养殖的信息。调查该地区是否有相关水禽的养殖企业、目前的现状、曾经或者现在养殖的品种等。

## 三、人员准备

人员分组，每组 5 人，明确职责分工（表 5–1）。

**表5–1　人员分工表**

| 任务角色 | 任务内容 |
| --- | --- |
| 组长： | 任务： |
| 组员 1： | 任务： |
| 组员 2： | 任务： |
| 组员 3： | 任务： |
| 组员 4： | 任务： |

## 任务筹划

### （一）内容筹划

明确要调查的项目，确定要重点调查的品种、品种特性、市场价格，明确如何判断当地是否适合养殖水禽，选择判断的依据和指标等。

### （二）方法筹划

认真思考如何才能获取更好的信息，通过哪些渠道获取信息资料，如何判断该地区是否适合水禽养殖，形成具有参考意义的报告。

### （三）流程筹划

第一步：深入了解水禽的品种、市场等情况。

第二步：调查当地的相关情况。

第三步：比较判断该地方是否可以养殖水禽，并给出建议。

第四步：学习调查报告的撰写。

第五步：形成具参考性的调查报告。

## 任务实施

步骤一：

步骤二：

步骤三：

步骤四：

步骤五：

任务总结：

## 任务检测

请扫描二维码答题。

## 任务评价

根据任务完成情况，对展示成果做出评价（表 5–2）。

**表5–2 工作任务完成过程评价表**

班级：________ 组别：________ 姓名：________

| 项目 | 评分标准 | 分值 | 自我评价 | 小组评价 | 教师评价 |
|---|---|---|---|---|---|
| 内容评价 | 1. 体现水禽的品种和发展现状 | 10 | | | |
| | 2. 体现著名品种的特点 | 10 | | | |
| | 3. 体现市场上的常见品种 | 10 | | | |
| 技能评价 | 1. 能够选择合适的水禽品种进行养殖 | 10 | | | |
| | 2. 相关信息的收集 | 10 | | | |
| | 3. 对于信息的整合和分析 | 10 | | | |
| | 4. 能够撰写可靠的调查报告 | 20 | | | |
| 思政评价 | 1. 能够了解当地的环保政策 | 10 | | | |
| | 2. 建立环保意识 | 10 | | | |
| 合计 | | 100 | | | |

（续表）

| 自我评价与总结 | |
|---|---|
| 教师点评 | |

## 课程思政专栏

### “嘎嘎声起”奏响“乡村新曲”，水禽全产业链的生态“致富密码”

冈上镇水系发达、河湖纵横、水草繁茂，水禽养殖一直是当地的传统优势项目，优越的自然环境为鸭子的生长提供了极佳的天然场所。党建引领凝聚发展合力，冈上镇以党建为引领，深入实施“党旗举起来，产业聚起来，农民富起来”专项行动，聚焦水禽全产业延链强链、协同发展，以产业振兴的澎湃动能助力乡村全面振兴，持续唱响国家农业产业强镇品牌，一阵阵“嘎嘎声起”奏响了“乡村新曲”。

党旗举起来，党员带头养殖忙。在镇党委的指导下，冈上镇积极探索将党支部建在产业链上，率先成立养鸭协会党支部，支部秉承“党员带农户，共同来致富”的服务宗旨，先后有5名党员，在全镇水禽产业的发展中持续发挥行业引领和先锋模范作用。一名党员就是一面旗帜，支部党员雷鸣从小在父亲养鸭的环境中长大，2008年大学毕业后，他返回家乡接了父亲的班，从小养殖户干起，带领周边农户从家庭式的放养逐步形成规模化养殖，2012年他成立了南昌苗旺实业有限公司，直接创造就业岗位150余个。如今，雷鸣不仅是一名优秀的青年党员，更是冈上镇养殖致富带头人。

产业聚起来，水禽产业链条全。小鸭子“孵”出50亿元产业链，生产要素聚起来是关键。在苗旺实业公司的党建文化馆，党支部建设与企业成长历程和产业发展战略紧密结合，生动展现了“种鸭繁育＋鸭苗孵化＋蛋（肉）鸭养殖＋精深加工＋品牌推广”全产业链形成的创业历程。走进苗旺孵化车间，鲜红的“党员示范区”牌子格外醒目，一排排标准化建设的鸭棚映入眼帘，科技创新和人才建设同步发力。现在一台孵化箱可以放置1.5万枚鸭蛋，整个基地拥有全自动电气化禽苗孵化设备700台，年孵化鸭苗超过1.2亿。现如今，全镇规模以上孵化场有160家，种鸭养殖户960户，种鸭存栏83万羽，蛋鸭出栏400万羽，板鸭加工10万余只，鸭蛋销售1万余t，鸭苗销售1.6亿羽。

农民富起来，共同富裕成色足。中央经济工作会议指出经济增长要实现质的有效提升和量的合理增长，苗旺孵化中心用实际行动演绎了量质齐升为农民增收的生动画面。“以前我在省外务工，平时照顾不到家里，去年苗旺招工，在家门口就把钱赚了，日子越来越红火。”合山村脱贫户李保全说。冈上镇积极引导龙头企业牵头成立水禽养殖专业合作社，进一步深化联农带农机制，以“公司＋合作社＋家庭农场＋农户”发展模式，带动合作社 8 家，周边农户 4 846 户，种鸭养殖户年均纯收入达 10 万元以上。“之前在自己家里孵化鸭苗，投入大、照护难。现在有了标准化、专业化的孵化中心，蛋的出壳率更高了，鸭苗的质量更好了，在这里孵化一筐鸭蛋比先前成本降低了 450 多元。”周边从事鸭苗生意的农户笑着说。冈上镇以共享共赢带动周边农户实现共同富裕，农户能够在孵化中心、育雏中心、禽苗集散中心、养殖基地和屠宰基地享受全产业链带来的发展红利。据了解，冈上镇围绕产业“服务＋”各个环节，已形成专业性强、互惠性高的水禽全产业链一站式服务。优质的服务打通了冈上镇水禽产业自主“造血”功能，它们专业高效的市场能力也进一步降低了农户的养殖风险。

（来源：“南昌县发布”微信公众号）

**【启示】**科技兴国，助力乡村振兴。作为党员干部要发挥先锋模范作用，作为年轻人，要树立服务乡村、热爱“三农”，要将自己所学的知识转化为乡村振兴的助力。乡村振兴是奋斗出来的，只有踏实劳动才能创造幸福生活。

# 任务二 鸭鹅填饲

## 任务导入

北京烤鸭是具有世界声誉的北京著名菜式，起源于南北朝时期，《食珍录》中已记有炙鸭，在当时是宫廷食品。北京烤鸭用料为优质肉食鸭北京鸭，由果木炭火烤制，色泽红润，肉质肥而不腻，外脆里嫩，被誉为“天下美味”。北京烤鸭分为两大流派，而北京最著名的各烤鸭店也即是两派的代表，其中以全聚德最为出名。

北京鸭的起源可以追溯到金朝，金朝迁都北京后，北京丰富的自然环境和水资源为鸭子提供了良好的生存条件，当地居民开始养殖一种野生白鸭，这种鸭子肉质肥嫩，是金朝女真人狩猎后烤食的野生鸭。随着时间的推移，这种鸭子经过长期的驯养和选育，逐渐演变成了现在的北京填鸭。所谓“填鸭”，就是采用填饲方式育肥的一种白鸭。北京填鸭以其肉质细腻、脂肪分布均匀的特点，成为了制作北京烤鸭的理想选择。

某地由于旅游业的发展带动了当地的餐饮业的发展，现某大型烤鸭连锁店需要大量“填饲”育肥的北京鸭。请为当地的肉鸭养殖企业制作一份 PPT，介绍鸭鹅的填饲技术。

## 任务工单

班级：________ 姓名：________ 学号：________

<table>
<tr><td>任务名称</td><td colspan="4">鸭鹅的填饲技术</td></tr>
<tr><td>任务描述</td><td colspan="4">任务内容：制作一份介绍鸭鹅填饲技术的 PPT。<br>任务目的：帮助当地养殖企业了解鸭鹅填饲技术要领。<br>任务流程：首先要搜集信息，其次分析资料，最后制作 PPT 并进行讲解。<br>任务方法：通过线上线下多种途径结合的方法进行资料的收集，并学习如何制作 PPT。</td></tr>
<tr><td>获取信息</td><td colspan="4">要完成任务，需要掌握相关的知识。请收集资料，回答以下问题。<br>1. 填饲的概念是什么？<br><br>2. 如何做好填饲前的准备？<br><br>3. 填饲的操作要点有哪些？<br><br>4. 如何做好填饲后的管理？</td></tr>
<tr><td>制订计划</td><td colspan="4"></td></tr>
<tr><td rowspan="6">任务实施</td><td colspan="4">按照预先制订的工作计划，完成本任务，并记录任务实施过程。</td></tr>
<tr><td>序号</td><td>完成的任务</td><td>遇到的问题</td><td>解决办法</td></tr>
<tr><td></td><td></td><td></td><td></td></tr>
<tr><td></td><td></td><td></td><td></td></tr>
<tr><td></td><td></td><td></td><td></td></tr>
<tr><td></td><td></td><td></td><td></td></tr>
</table>

## 任务准备

### 一、知识准备

#### （一）开填日龄的选择

一般选择在40~42日龄，体重达1.7 kg以上的中雏鸭开始填饲。但在饲料条件差、鸭生长慢的情况下，需延至45~49日龄，体重达1.6 kg以上时开始填饲。

一般开填日龄早，饲料报酬较好；开填日龄过晚，饲料转化率降低，经济效益差。但过早地填饲，由于雏鸭骨骼、肌肉发育尚不十分健全，消化机能也不发达，容易造成瘫痪和死亡。

#### （二）填鸭前的准备

开填前将鸭按体重和体质分群，挑选体质强壮、发育正常、健康状况好的鸭先开填，淘汰病残鸭和过于弱小的个体。这样可以获得较好的育肥整齐度。

此外，填鸭前应剪去爪尖，以免互相抓伤，影响屠体的美观，降低等级。

#### （三）配制填鸭专用日粮

填鸭的饲料应含有较高的能量（每千克含代谢能12.55 MJ左右），而粗蛋白质含量在14%~15%即可。这种营养水平有利于快速增加体重和积累一定量的肌间脂肪。

由于人工填饲填入的饲料量比自由采食多很多，产生热能也高。所以，一定要供应充足的饮水。

填鸭的饲料中需加入一定量的维生素和微量元素。添加的维生素主要有维生素A、维生素D、维生素E、维生素K、维生素$B_{12}$、维生素$B_2$、泛酸钙、氯化胆碱、尼克酸等，微量元素主要有硫酸锰、硫酸铜、硫酸亚铁、碘化钾、硫酸锌等。还要特别注意钙和磷的数量及比例，以免因钙磷比例失调，影响增重或引起瘫痪。

#### （四）填饲的操作要点

首先将调好的饲料装入填饲机的贮料箱内，转动搅拌器以免饲料沉淀。然后，将鸭慢慢赶入待填圈内，等候填饲。操作人员先用脚踏填鸭机的离合器，检查唧筒的出料情况，并调整出料量，达到规定数量后即可捉鸭填饲。

有经验的填饲人员采用抓嗉（嗉囊的部位）的方法，即四指并拢握嗉部，拇指握颈的底部。这种方法既可将鸭捉稳，又不会引起挣扎。填左侧的鸭时，用左手提鸭子头部，掌心靠着鸭的后脑，用食指和拇指打开鸭喙，中指伸进喙内压住鸭舌，将鸭喙送向填饲胶管，让胶管准确地插入食道膨大部。同时，用右手托住鸭的颈胸接合部，将鸭体放平，使鸭体和胶管在同一条轴线上。这样，才不至于损伤食道。插好管子后，用左脚踏离合器，启动唧筒，将饲料压进鸭的食道后，放松开关，将胶管从鸭喙退出。

填饲操作在技术上的要领：鸭体平，开嘴快，压舌准，插管适，进食慢，撤鸭快。

### （五）填饲的时间和填饲量

通常每天填饲 4 次，每隔 6 h 填 1 次，每次的填饲量（指带水饲料的重量）约为鸭体重的 1/12，以后每天填饲量可增加 30~50 g 饲料，1 周后，每次可填 300~500 g。

在凉爽季节，鸭消化好，可适当多填，应根据具体情况灵活掌握。填饲时要注意观察，发现嗉囊内有未消化的积食，应考虑少填或不填，以防消化不良或“撑死”。

### （六）填鸭的管理

（1）填鸭体重大，行动笨，饲养人员要细致耐心，不要粗暴驱赶，以免影响消化和增重。

（2）填鸭栖息的场地要卫生清洁，并保持干燥，饮水充足，以助消化。

（3）要保持鸭舍安静，闲人不得进出。

（4）要做好防暑降温工作，鸭没有汗腺，填鸭的皮下又沉积了大量脂肪，过于闷热会使其呼吸加快，影响育肥，甚至造成死亡。因此，在高温、高湿环境下，应加强通风、植树遮阳等防暑降温措施，为填鸭生长创造较好的环境条件，以期获得最佳的育肥效果。

## 二、材料准备

（1）收集填饲技术的应用情况。调查填饲的相关技术要求，调查市场上哪些养殖场使用该技术，调查填饲的注意事项。

（2）收集养殖场的相关信息。包括饲养的水禽品种、水禽的状态、日龄等，为后期设计填饲方案做准备。

（3）收集填饲的相关技术信息。查阅填饲使用的相关机械设备及其价格，如何设计和规划养殖场，如何设计流程等。

## 三、人员准备

人员分组，每组 5 人，明确职责分工（表 5–3）。

**表5–3 人员分工表**

| 任务角色 | 任务内容 |
| --- | --- |
| 组长： | 任务： |
| 组员 1： | 任务： |
| 组员 2： | 任务： |
| 组员 3： | 任务： |
| 组员 4： | 任务： |

## 任务筹划

**（一）内容筹划**

明确要调查的项目，明确要调查的企业，明确要学习内容的侧重点。

**（二）方法筹划**

认真思考如何才能获取更好的信息，通过哪些渠道获取信息资料，思考如何学习填鸭技术，如何判断流程设计是否合理。

**（三）流程筹划**

第一步：了解填饲的相关情况，包括养殖企业的流程安排、设施设备以及相关知识。

第二步：调查当地养殖企业的相关情况。

第三步：规划设计如何进行填饲。

第四步：学习技术方案的撰写。

第五步：形成具有指导性的技术方案。

## 任务实施

步骤一：

步骤二：

步骤三：

步骤四：

步骤五：

任务总结：

## 任务检测

请扫描二维码答题。

## 任务评价

根据任务完成情况，对展示成果做出评价（表 5-4）。

表5-4 工作任务完成过程评价表

班级：______ 组别：______ 姓名：______

| 项目 | 评分标准 | 分值 | 自我评价 | 小组评价 | 教师评价 |
|---|---|---|---|---|---|
| 内容评价 | 1. 体现填饲的相关背景知识 | 10 | | | |
| | 2. 体现填饲的流程 | 10 | | | |
| | 3. 体现填饲的技术要领 | 10 | | | |
| 技能评价 | 1. 能够设计填饲的技术流程 | 10 | | | |
| | 2. 相关信息的收集 | 10 | | | |
| | 3. 对于信息的整合和分析 | 10 | | | |
| | 4. 能够制作并讲解 PPT | 20 | | | |
| 思政评价 | 1. 具有科学意识 | 10 | | | |
| | 2. 培养大局意识，能够全局性地设计方案 | 10 | | | |
| 合计 | | 100 | | | |
| 自我评价与总结 | | | | | |
| 教师点评 | | | | | |

## 课程思政专栏

### 养鸭促进乡村振兴

产业振兴是乡村振兴的基础和关键。黑龙江省汤原县香兰镇新立村把发展大鹅养殖作为带动乡村振兴发展的有效途径，帮助农户增收致富。

在新立村大鹅养殖基地，承包人李建设充分发挥场地大、环境好、设施牢等综合优势，大力发展大鹅养殖，2023 年养殖规模达到 2 万只，带动脱贫户务工 10 余户。一群群白鹅在李建设的精心饲养下，每一只都白白胖胖、肚儿溜圆。

李建设秉持既发展经济又保护环境的理念，增强大鹅养殖可持续发展能力，将鹅粪变成了优质有机肥料，自用还田或让村内有需要的农户自愿领取作为种植农作物的天然肥料，在保障生态环境不受污染的同时减少种植成本，将粪便变废为宝，为新立村农户增效增益。

通过绿色养殖和科学养殖相结合，不仅为养殖产业发展提供了新思路，也为绿色农业可持续发展树立了新榜样。

"去年养殖的白鹅为我家创造了可观的收入，我非常高兴，我准备今年继续扩大养殖规模，争取再有一个好收成。"李建设高兴地说道。

产业兴则乡村兴。香兰镇整合周边养殖大户力量，成立汤原县香兰镇耕耘大鹅养殖专业合作社，建立大鹅养殖基地5个，养殖大鹅12.4万只，年收入达930余万元。香兰镇将继续紧跟市场需求，大力扶持大鹅养殖产业，强化辐射带动效应，鼓励更多的村民发展庭院养殖，推动大鹅养殖规模不断扩大，持续拓宽农户的增收渠道，助力乡村振兴发展。

（来源："佳木斯三农之声"微信公众号）

**【启示】**秉承新发展理念，坚持贯彻绿色发展，深入领会"绿水青山就是金山银山"的发展理念，走绿色科学的发展之路才是现代农业发展的方向，也是保证乡村振兴走实走远的根基，始终听党话，跟党走。

## 任务三　鹅的活拔羽绒

### 任务导入

根据GB/T 14272—2021《羽绒服装》标准中的定义，羽绒服是指以羽绒为填充物，绒子含量明示值不低于50%的服装。羽绒服由面料和填充物组成，羽绒服可分为两类：运动羽绒服和生活羽绒服。运动羽绒服与户外活动紧密结合在一起，主要包括滑雪服和登山服等，面料的色彩比较鲜艳。生活羽绒服主要是满足人们冬季的日常穿着需求，除了服装外还包括羽绒服配件。羽绒服的胆料几乎都为聚酯纤维；里料多用聚酯纤维，也有部分锦纶等；外料多选用表面光洁、密度较高的化纤，常用锦纶与聚酯纤维，另外还有混纺（如涤锦混纺、涤棉混纺等）、纯棉面料等，具有高密度（保温）的特点。

中国是世界上最大的服装生产国和出口国，服装行业逐步成为我国消费品生产的重要支柱产业，也成为国内为数不多的在全球范围内具有竞争力的行业之一。2022年中国羽绒服进口量为517.6万件，出口量为7 831.2万件，出口量远远大于进口量。

某企业养殖了一批鹅，结合目前的市场行情，在鹅出栏前该养殖场准备进行活拔羽绒以提高经济效益。请帮助他们设计方案，完成这一工作。

## 任务工单

班级：____________ 姓名：____________ 学号：____________

<table>
<tr><td>任务名称</td><td>鹅活拔羽绒技术方案制作</td></tr>
<tr><td>任务描述</td><td>任务内容：设计一份关于活拔羽绒的技术方案。<br>任务目的：指导企业进行生产。<br>任务流程：首先要搜集信息，然后分析资料，最后撰写技术方案。<br>任务方法：通过线上线下多种途径结合的方法进行资料的收集，并学习技术方案的撰写。</td></tr>
<tr><td>获取信息</td><td>要完成任务，需要掌握相关的知识。请收集资料，回答以下问题。<br>1. 活拔羽绒的概念是什么?<br><br>2. 如何做好活拔羽绒前的准备?<br><br>3. 活拔羽绒的操作要点有哪些?<br><br>4. 如何做好活拔羽绒后的管理?</td></tr>
<tr><td>制订计划</td><td></td></tr>
<tr><td>任务实施</td><td>按照预先制订的工作计划，完成本任务，并记录任务实施过程。
<table>
<tr><th>序号</th><th>完成的任务</th><th>遇到的问题</th><th>解决的办法</th></tr>
<tr><td></td><td></td><td></td><td></td></tr>
<tr><td></td><td></td><td></td><td></td></tr>
<tr><td></td><td></td><td></td><td></td></tr>
<tr><td></td><td></td><td></td><td></td></tr>
</table></td></tr>
</table>

## 任务准备

### 一、知识准备

活拔羽绒技术是在基本不影响产肉、产蛋性能的前提下，拔取活体羽绒的生产技术。与传统的羽绒收集方法相比，活拔鹅毛是一项极有推广价值的实用技术，但一定要做到规范操作，不影响或少影响鹅的生长发育。

**（一）鹅的选择**

1. 肉用仔鹅

90 日龄开始第一次拔毛，以后每间隔 5 周拔毛 1 次，到 9 月结束，可连续拔毛 3~4 次。如果最后一次拔毛后，季节已不再适于拔毛，可隔 4~5 周等鹅毛基本长齐后，趁鹅的肥度较好时，将鹅出售或填饲以供生长鹅肥肝用。

2. 生产肥肝的鹅

肉用仔鹅放牧饲养到 80~90 日龄时，还不能用于生产肥肝，再养 1 个多月，恰好可以活拔一次鹅毛，等新毛长齐后再填饲。如果这时恰值高温季节，不宜生产肥肝，也可再连拔 1~2 次羽绒，等到秋凉以后新毛长齐再进行填饲。

3. 后备种鹅

早春孵出的雏鹅，5—6 月时毛已长齐，留做后备要到 10 月初新毛长齐方开始产蛋。可以在换毛前开始拔毛，约可拔 4 次。

4. 休产、休配期的种鹅

南方鹅种 5 月左右产蛋结束后，在种鹅开始陆续换毛时进行第一次拔毛，以后每隔 5 周拔毛一次，可连续拔毛 3~4 次，每次每只产毛约 120 g。如果种鹅采用二次产蛋制，为了保证鹅群 9 月后第二次产蛋，就只能拔 2 次毛了。拔毛期一般在 4—9 月。

**（二）拔毛前的准备**

1. 人员准备

对操作人员进行技术培训，理解科学道理，掌握操作技术。

2. 鹅体准备

在拔毛前几天进行抽样检查。如果羽毛容易被拔下，而且毛根已干枯，皮肤中的血管毛刚显露，说明羽绒生长成熟，将开始换毛，是活拔羽绒的适宜时候；反之，应饲养一段时间再拔绒。拔毛前 10 min 给每只初次进行拔毛的鹅灌 10 mL 白酒，使毛囊扩张，皮肤松弛，既容易拔毛，又减轻鹅的痛苦。

3. 环境准备

拔毛要选择天气晴朗、温度适中的日子，地点要避风向阳，水泥地面，便于打扫。准备好红药水、70% 酒精、0.2% 高锰酸钾和药棉，以便在鹅被拔破皮肤时使用。

**（三）拔毛方法**

活拔鹅毛无论在国外或国内都依靠手工操作来进行。操作者坐在小凳子上，双腿夹住鹅的身体，一只手握住鹅的头颈，另一只手拔毛。以拇指、食指和中指捏住毛绒，用力要均匀，迅猛快速。取毛要少，捏位要低，方向要顺，拔出完整的毛片或毛绒，不致使毛被拔断。一把一把有节奏地进行，以防撕破皮肤。特别是对于第一次拔毛的鹅，其毛根较紧，费时较多，选取拔毛数量时，每把只能拔 2~3 根，如果抓得太多，容易拔不下毛或拔破皮肤。拔一只鹅约需 10 min，每人每天可拔 50 只。

### （四）拔毛顺序

不同部位的鹅毛价值不一样。拔毛的部位应集中在胸部、腹部、体侧和尾根。先从胸部开始拔，由胸到腹，从左向右。再拔体侧、腿侧和尾根的羽绒。在拔每一个部位时，先拔片羽，后拔绒羽。主、副翼羽和尾羽可不拔。

### （五）活拔羽绒后的饲养管理

活拔羽绒对鹅来说是一个比较大的外界刺激和痛苦，鹅的精神状态和生理机能会发生一定的变化，一般为精神委顿，活动减少，愿站不愿卧，行走时摇摇晃晃，胆小怕人，翅膀下垂，食欲减退，有的甚至会体温升高、脱肛等。上述反应一般在第二天可见好转，第三天就基本恢复正常，通常不会引起疾病或造成死亡。

为了促进鹅及早恢复正常，必须加强饲养管理。

（1）拔毛后鹅体裸露，3 d 内不在强烈阳光下放养，应在干燥清洁、铺以柔软干净垫草的鹅舍内饲养，以防腹部受潮、受凉。7 d 内不要让鹅下水或淋雨，7 d 后皮肤毛孔已闭合，可让鹅下水游泳。

（2）加强营养，补充精料。7 d 内每日喂 100~150 g 混合精料，其中玉米 33%、麦麸 30%、稻糠 13%、豆粕 15%、鱼粉 5%、羽毛粉 3%。

（3）拔毛后，分饲一定阶段。

## 二、材料准备

（1）调查羽绒市场情况。调查羽绒的市场价格，羽绒的品级要求，羽绒的销售渠道及相关产品等。

（2）收集养殖场的相关信息。调查养殖场养殖的鹅的品种、日龄、数量等信息。

（3）收集活拔羽绒的技术信息。查阅活拔羽绒的技术要求，包括拔绒的时机、注意事项、饲养管理等要点。

## 三、人员准备

人员分组，每组 5 人，明确职责分工（表 5–5）。

**表5–5 人员分工表**

| 任务角色 | 任务内容 |
|---|---|
| 组长： | 任务： |
| 组员 1： | 任务： |
| 组员 2： | 任务： |
| 组员 3： | 任务： |
| 组员 4： | 任务： |

## 任务筹划

**（一）内容筹划**

明确要调查的项目，明确要调查的内容，明确要重点学习的技术要领，明确要调查的侧重点。

**（二）方法筹划**

认真思考如何才能获取更好的信息，通过哪些渠道获取信息资料，思考如何掌握活拔羽绒技术，如何合理安排生产流程。

**（三）流程筹划**

第一步：了解羽绒的相关情况。

第二步：调查当地养殖企业的相关情况。

第三步：规划设计活拔羽绒的技术流程。

第四步：学习技术方案的撰写。

第五步：形成具有指导性的技术方案。

## 任务实施

步骤一：

步骤二：

步骤三：

步骤四：

步骤五：

任务总结：

## 任务检测

请扫描二维码答题。

## 任务评价

根据任务完成情况，对展示成果做出评价（表 5-6）。

**表5-6 工作任务完成过程评价表**

班级:____________ 组别:____________ 姓名:____________

| 项目 | 评分标准 | 分值 | 自我评价 | 小组评价 | 教师评价 |
|---|---|---|---|---|---|
| 内容评价 | 1. 体现羽绒的相关情况 | 10 | | | |
| | 2. 体现活拔羽绒的流程 | 10 | | | |
| | 3. 体现活拔羽绒的技术要领 | 10 | | | |
| 技能评价 | 1. 能够设计活拔羽绒的技术流程 | 10 | | | |
| | 2. 相关信息的收集 | 10 | | | |
| | 3. 对于信息的整合和分析 | 10 | | | |
| | 4. 能够撰写可靠的技术方案 | 20 | | | |
| 思政评价 | 1. 具备创新精神 | 10 | | | |
| | 2. 具备动物福利意识 | 10 | | | |
| 合计 | | 100 | | | |
| 自我评价与总结 | | | | | |
| 教师点评 | | | | | |

## 课程思政专栏

### 小羽绒成了村民致富的大产业

眼下正值羽绒服畅销的季节，陈官庄乡胡庄村永城市永盛羽绒有限公司生产车间内机器轰鸣，羽毛经过分拣、去除杂物、抖掉灰尘、清洗、烘干等环节，最终加工成羽绒，装袋称重，运往羽绒服生产厂家。

羽绒虽小，却为胡庄村村民打开了一条致富之路。说起羽绒产业的发展史，要从 20 世纪 80 年代说起，当时，陈官庄乡是著名的皮毛交易市场，安徽省六安市的一名姓龚商人租住在胡庄村，从事羽绒交易，胡庄村村民便从他那儿了解到羽绒商机。20 世纪 80 年代，生产羽绒全靠手工；20 世纪 90 年代，有了简易分毛机；再后来，有了三箱分毛机、五箱分毛机、七箱分毛机等。

30 多年来，随着羽绒设备的不断升级，胡庄村羽绒产业从零散经营逐步向规模化方向发展。目前，胡庄村有羽绒加工企业多家，羽绒利润可观，主要生产灰鸭绒、白鸭绒、鹅绒，出口多个国家及销售给国内知名品牌商。其中永兴羽绒、永盛羽绒两家企业规模最大，生产设备最先进。

“羽绒产业一年四季生意都不错，7 月以前主要销往国外市场，7 月以后主要面向国内市场销售。这几年，随着市场需求量的增加，羽绒加工企业生意红火的同时，也带动了旧羽绒服拆解市场的发展，不少留守妇女在家门口实现了就业，每人每天工资 100 元左右。”胡庄村党支部书记陈明告诉记者，“羽绒加工企业、旧羽绒服拆解不仅带动了本村及周边村庄近千人就业，还带动了物流运输业的发展。”

近年来，胡庄村人居住环境发生了惊人的改变，路畅景美人和谐，这也为该村羽绒产业进一步做大做强奠定了基础。陈官庄乡党委、政府十分重视胡庄村羽绒产业的发展，计划五年内通过集中发展政策进行企业淘汰组合，建立羽绒产业园区，整合资源进一步扶持羽绒企业做大做强。积极培育集羽绒原材料加工、羽绒服装制造和销售于一体的产业链条，树立羽绒品牌，形成品牌效应，着力将羽绒产业打造成陈官庄乡的典型产业和特色产业。

（来源：“永城融媒官 V”微信公众号）

**【启示】**产业发展，科技先行。小小羽绒，带来大大财富，背后是科技的加持，更离不开村民的辛勤努力。乡村振兴，要因地制宜。坚持实事求是的科学理念能够帮助我们更好地走向共同富裕的道路，实现中华民族的伟大复兴。

# 项目六 禽病综合防治

## 项目导读

在现代规模化、集约化生产条件下，疾病流行频繁、传染迅速、危害巨大。因此，家禽疾病特别是传染病的防治是家禽养殖业健康发展的基本保证，是家禽场生死存亡的关键环节。疫病综合防治措施是家禽场的安全屏障，是一项全面的、系统的、常年的全场性任务。任何家禽场要想达到最佳的生产水平，取得较高的经济效益，必须科学制定和严格执行综合防疫措施。本项目重点学习场址的选择与布局、防疫制度的确定、禽场消毒技术、家禽的免疫接种技术、病鸡与健康鸡的鉴别、病死鸡的剖检技术、主要疫病的防治技术以及禽场废弃物的处理等。

## 知识目标

①了解疾病尤其是传染性的疾病对于养禽业的巨大危害性，基本掌握禽场疾病防治的原则。

②掌握禽场选址与布局的要点。

③掌握如何设计禽场的防疫制度。

④掌握禽场消毒的技术要领。

⑤掌握免疫接种的机理和方法。

⑥掌握病鸡的鉴别。

⑦掌握病死鸡解剖的流程。

⑧掌握常见禽病的防控及禽场废弃物的处理。

## 技能目标

①能够结合实际情况，合理选址和布局建造禽场。

②能够设计合理的防疫制度。

③能够有效地进行禽场的消毒。
④能够对不同日龄的家禽进行免疫接种。
⑤能够鉴别鸡群中的病鸡，能够剖检病死鸡。
⑥能够诊断常见的禽病，能够对禽场废弃物进行处理。

## 素质目标

①培养学生的前瞻性思维。
②培养学生全面考虑问题的能力。
③培养学生的生物安全意识。
④培养学生细致的工作态度。
⑤培养学生的科学精神。
⑥培养学生的环保意识。

# 任务一　禽场选址与布局

## 任务导入

青海省民和县某村青年鸡养殖项目是国家巩固拓展脱贫攻坚成果同乡村振兴有效衔接资金扶持下的发展壮大村集体经济项目。该项目总投资 1 304.3 万元，占地 2.57 $hm^2$，2023 年年底建成并通过验收，新建标准化养鸡舍 3 栋，每栋建筑面积 1 136.68 $m^2$，配备了标准化养鸡设施设备，配建了辅助设施，养鸡场投喂、温控、清污等工序采用全自动化设备。全部达产运行后，3 栋鸡舍单批次饲养规模将达 15 万羽，单批次养殖 90 d 出栏，一年按出栏青年鸡 3 批次计，年出栏量将达 45 万羽、年产值近 720 万元。

循化县某村集体看到民和县养鸡情况，经过村党支部组织村民讨论，认为养鸡有发展前景，可以帮助村集体发家致富，建设美丽乡村。该村集体准备建设一个规模化的鸡场，请制作一份 PPT 帮其进行选址和合理布局，为以后的防疫工作打下基础。

## 任务工单

班级:____________　姓名:____________　学号:____________

| 任务名称 | 场址选择 |
|---|---|
| 任务描述 | 任务内容：制作一份关于场址选择和布局规划的 PPT。<br>任务目的：帮助当地企业进行选址和合理布局，为以后的防疫工作打下基础。 |

（续表）

<table>
<tr><td>任务描述</td><td colspan="4">任务流程：首先搜集信息，然后分析整合资料，最后制作 PPT 完成任务。<br>任务方法：通过线上线下多种途径结合的方法进行资料的收集，并学习如何制作该 PPT。</td></tr>
<tr><td>获取信息</td><td colspan="4">要完成任务，需要掌握相关的知识。请收集资料，回答以下问题。<br>1. 禽场选址的原则是什么?<br>2. 养禽场如何进行布局规划?<br>3. 禽场如何进行功能区的划分?<br>4. 禽场建设应该考虑哪些问题?</td></tr>
<tr><td>制订计划</td><td colspan="4"></td></tr>
<tr><td rowspan="6">任务实施</td><td colspan="4">按照预先制订的工作计划，完成本任务，并记录任务实施过程。</td></tr>
<tr><td>序号</td><td>完成的任务</td><td>遇到的问题</td><td>解决的办法</td></tr>
<tr><td></td><td></td><td></td><td></td></tr>
<tr><td></td><td></td><td></td><td></td></tr>
<tr><td></td><td></td><td></td><td></td></tr>
<tr><td></td><td></td><td></td><td></td></tr>
</table>

## 任务准备

### 一、知识准备

通过良好的环境控制及设施配备，阻止病原微生物进入养殖场，是生物安全体系的重要组成部分。禽场建设应从场址选择、场区规划布局、房舍建筑及环境控制等方面关注疾病防治。

### （一）场址选择

（1）尽量选在自然生态条件较好的地方，周围有天然屏障；空气、土壤、水资源洁净、无污染。

（2）远离污染源：距离工业区、居民区、商贸集市最少 15~20 km。

（3）地势高燥、背风向阳、具有一定坡度。

（4）三通便利：交通、供电、供水便利。

（5）土地较廉价。

### （二）场区规划布局

应尽可能按照全进全出制的要求进行整体规划和设计。全进全出是指一个养禽场只养一批同日龄或日龄相差不超过 1 周的家禽，场内的家禽同一日进场，饲养期满后，全群一起出场。清理消毒，空闲 2 周，再进另一批家禽。全进全出制是有效控制疾病循环感染的最佳生产制度。

要根据当地实际情况地形、地势和当地主风向，有计划地安排畜禽场不同建筑功能区、道路、排水、绿化等设施的位置。根据场地规划方案和工艺设计对各种建筑物的规定，合理安排每栋建筑物和各种设施的位置、朝向和相互之间的距离，进行畜禽场总体平面设计，合理安排养鸡场的布局。

1. 设计原则

在设计时应遵循“以人为本，综合防治，节能高效”的原则，首先应该考虑人的工作和生活场所的环境保护，使其尽量不受饲料粉尘、粪便气味和其他废弃物的污染。其次要综合考虑生物安全防治，注意生产鸡群的防疫卫生，尽量杜绝污染源对生产鸡群环境污染的可能性。此外，各个鸡舍之间还应分成独立的小区模块，设置一定隔离设施。科学合理的分区规划和布局，能有效利用土地面积，减少建厂的投资，提高劳动生产率，降低生产成本，保持良好的环境卫生和管理的高效，提高畜禽场生产的经济效益。

其设计原则主要体现在以下几点。

（1）根据不同畜禽场的生产工艺要求，结合当地条件、地形、地势及周边环境特点，因地制宜，做好功能区的划分。合理布局各类建筑物，满足其使用功能，创造合理的生产环境。

（2）充分利用场区原有的自然地形、地势，建筑物长轴尽可能顺场区的等高线布置，尽量减少土石方工程量和基础设施工程费用，最大限度减少基础建设费用。

（3）合理组织场内、外的人流和物流，创造最有利的环境条件和低劳动强度的生产联系，实现高效生产。

（4）保证建筑物具有良好的朝向，满足采光和自然通风条件，并有足够的防火间距。

（5）利于粪尿、污水及其他废弃物的处理和利用，确保其符合清洁生产的要求。

（6）在满足生产要求的条件下，建筑物布局紧凑，节约用地，少占或不占耕地。在占地满足当前使用功能的同时，应充分考虑今后的发展，留有余地。

2. 场区规划

遵循以上设计原则，可将养殖场划分为5个区，即生活区、行政管理区、生产区、兽医防治区、粪便污水处理区。各区的划分要因地制宜，根据当地的自然条件（地形地势、交通道路等具体情况）进行布置，并按地势的高低和主导风向进行规划，以保证人畜健康，减少疫病蔓延的机会，并有利于组织生产。

（1）生活区和行政管理区。生活区包括工作人员的休息室及餐厅等。行政管理区包括各种办公室和会议室。二者是担负养殖场经营管理和对外联系的地方，要与生产区相隔离。生活区与行政管理区要位于主风向的上风向，其原因主要有两个：实现人畜分离；禽类养殖气味比较大，如果生活区在下风口，会影响工作人员的生活和健康。

具体包括行政和技术办公室、会议室、接待室、传达室、警卫值班室、水塔、宿舍、食堂、围墙和大门等。此区位置的确定，除考虑风向、地势外，还应考虑与外界联系的便利性。畜禽场大门设于该区，门前设车辆消毒池，两侧设门卫和消毒通道。有家属宿舍时，应单设生活区，生活区应在管理区上风向、地势较高处。

（2）生产区。生产区是养殖场的核心部分，建筑面积占全场总建筑面积的70%~80%，是畜禽场的主要建筑区。在生产区的入口处，应设专门的人员消毒间和车辆消毒池，以便进入生产区的人员和车辆进行严格的消毒。大型的畜禽场，可进一步将生产区划分为主车间（孵化、育雏、育成、蛋禽）、辅助车间（饲料加工、营养分析、机修、供水、配电、供暖、屠宰加工、运输、冷冻等）、库房（蛋库、饲料库、车库、材料库、备品库等）。禽舍的布局应根据主风向与地势，按下列顺序配置：孵化室、幼雏舍、中雏舍、后备禽舍、成禽舍。孵化室与场外联系较多，宜建在靠近场前区的入口处。育雏区与成年禽区应有一定的距离，以方便管理和防疫。

（3）兽医防治区。兽医防治区包括兽医室、解剖室、化验室、免疫试验禽舍、病死禽焚烧炉等。

（4）粪便污水处理区。粪便污水处理区包括粪便发酵池和污水处理等。二者一般设在全场的下风向和地势最低处，与生产区保持一定距离。

## 二、材料准备

（1）收集禽场规划设计的相关要求，查阅禽场选址要遵循的原则、选址的依据，查阅场区规划布局的相关要求。

（2）收集当地的自然及土地等情况，调查场区所要建设村庄的自然地理条件，村集体可供选址的土地等情况。

（3）收集其他有关要求，调查禽场设计时需要考虑的防疫要求，调查当地的环保政策等。

## 三、人员准备

人员分组，每组5人，明确职责分工（表6-1）。

**表6-1　人员分工表**

| 任务角色 | 任务内容 |
| --- | --- |
| 组长： | 任务： |
| 组员 1： | 任务： |
| 组员 2： | 任务： |
| 组员 3： | 任务： |
| 组员 4： | 任务： |

## 任务筹划

**（一）内容筹划**

明确要调查的项目，明确养殖的规模和养殖的种类，明确村集体所在位置及可供选择的土地情况，明确相关的政策要求。

**（二）方法筹划**

认真思考如何才能获取更有效的信息，通过哪些渠道获取信息资料，考虑如何调查当地的基本情况。

**（三）流程筹划**

第一步：深入了解选址和布局的基本要求。

第二步：调查当地的基本情况。

第三步：调查场区规划布局需要考虑的问题。

第四步：提供较为全面的设计方案。

## 任务实施

步骤一：

步骤二：

步骤三：

步骤四：

任务总结：

## 任务检测

请扫描二维码答题。

## 任务评价

根据任务完成情况，对展示成果做出评价（表 6–2）。

**表6–2　工作任务完成过程评价表**

班级：__________　组别：__________　姓名：__________

| 项目 | 评分标准 | 分值 | 自我评价 | 小组评价 | 教师评价 |
|---|---|---|---|---|---|
| 内容评价 | 1. 体现场区选址的原则 | 10 | | | |
| | 2. 体现不同禽场的规划布局 | 10 | | | |
| | 3. 体现禽场建筑设计的要求 | 10 | | | |
| 技能评价 | 1. 能够进行禽场选址 | 10 | | | |
| | 2. 能够安排禽场规划建设 | 10 | | | |
| | 3. 能够对信息整合和分析 | 10 | | | |
| | 4. 能够制作完善的禽场规划 PPT | 20 | | | |
| 思政评价 | 1. 学习我国的相关土地政策 | 10 | | | |
| | 2. 树立乡村振兴的认识和理念 | 10 | | | |
| 合计 | | 100 | | | |
| 自我评价与总结 | | | | | |
| 教师点评 | | | | | |

**课程思政专栏**

## 青海生态养殖新模式

料峭春风中，哈勒景蒙古族乡永丰村青海五丰生物科技有限公司的生产车间里，有机肥加工正酣。来来往往的货车正繁忙装载加工好的有机肥，供给到各处春耕生产中。

“我们厂 2022 年生产了 2.5 万 t 有机肥，原料主要是羊板粪，产值有 2 500 多万元，这些有机肥参与省内高标准农田建设和化肥农药减量增效行动，还销往陕西省和甘肃省。”负责人拓守业告诉记者。

作为畜牧业强县，海晏县每年产生牛羊粪污 28 万 t 左右，随着养殖规模的增加，这个数字还会上涨。为了把这些粪污利用起来，海晏县实行了“生态养殖大循环模式”。

全县成立了以青海环友农业科技有限公司、青海五丰生物科技有限公司等 5 家有机肥加工企业为主的有机肥联盟，形成了“种植业 + 养殖 + 有机肥加工”的循环农牧业模式。面向全县规模养殖场实行畜禽排泄物“统一收集、统一利用”，由相关公司定期收集畜禽排泄物，生产有机肥，实现“粪便收集—有机肥生产—种植业利用”的大循环。

除了这个“大循环”，海晏县正努力在标准化养殖场实现“自我消纳小循环模式”。“小循环”是按照排泄物就近消纳的要求，利用养殖场环境特征，建立“粪便—管道—再生水、粪渣”的排泄物循环利用系统，建成自我生态平衡的生态养殖示范基地，形成“牛羊—粪便—作物”自我消纳利用模式。

“我们县还探索形成‘粪、肥、田’等种养循环发展利用新模式，提升绿色发展水平。目前全县畜禽粪污资源化利用率达到了 86%。”海晏县农牧水利科技和乡村振兴局副局长松龙年说道。

在饲草种植、高效养殖、有机肥生产这个链条上，海晏县还做好建链、补链、强链工作，抓好屠宰加工、销售输出等环节，注册了“海晏牦牛”“海晏羔羊”国家农产品地理标志，“清湖源”“可可诺尔”等 6 个农产品被国家绿色食品发展中心认证为绿色食品，开发特色农畜产品近 200 种，培育注册“金藏”等商标 32 个，使得全县畜牧业发展更加健康，畜产品品牌知名度不断提升。

（来源：青海日报）

【**启示**】生态养殖模式是一种集节能、环保为一体的废弃物处理再利用模式。生态养殖所依照的 3R 原则——减量化、再利用、再循环，能够有效减少养殖废弃物、污染物的产生，减少农药和化肥的投入，降低残留农药、化肥等对土壤环境、水环境的压力，遏制农业污染的扩大趋势，切实保护生态环境，改善农村养殖环境和生活环境卫生，坚持环境与发展“双赢”。

# 任务二　防疫制度的建立

## 任务导入

禽病是影响养禽业健康发展最主要的因素，其主要表现为呼吸道、消化道、生殖系统或神经系统的异常，不仅影响禽类的存活率和生长发育速度，还影响禽的产蛋率和种禽质量。长久以来，我国禽病防控面临着严峻形势：禽病种类多、混发感染严重、新发病日益增多，生物安全理念比较淡薄、禽病免疫不规范，活禽市场流通渠道多、监管存在难点，野禽传染风险依然存在，国际疫情传入风险依然严峻，疫苗及诊断试剂的研发跟不上病毒变异速度，兽药滥用依然频繁，疫病监测工作不严等。针对上述问题，我国提出了防控措施：加强生物安全管理，做好疫苗免疫接种，强化监测预警，推进疫病净化，加大监管检测力度。以期通过这些措施有效降低禽病发生率，提高养禽业的社会效益和经济效益，促进养禽业可持续发展，从而保障消费者的食源安全。

我国是世界第一养禽大国，但还不是养禽强国。保障禽肉和蛋制品安全供给是重大的民生问题，确保养禽业安全生产是我国畜牧业高质量发展的长期重点工作。现在禽业的养殖模式高度规模化、集约化、现代化、生态化，禽产品本身也越来越被关注安全、健康、无残留，禽产品销售也讲究品牌、环保、特色，可以说养禽业的发展事关人民群众的安全、经济的发展和社会的稳定。虽然我国禽业呈现的大环境良好，但禽病防控面临的形势依然严峻，做好禽病综合防治工作至关重要。

建立科学的防疫制度是防治禽病的重要手段，请设计一个思维导图帮助某新建的养殖场确立合适的防疫制度。

## 任务工单

班级：____________　姓名：____________　学号：____________

| 任务名称 | 设计养殖场防疫制度的思维导图 |
|---|---|
| 任务描述 | 任务内容：设计一个如何确立防疫制度的思维导图。<br>任务目的：帮助某新建的养殖场确立合适的防疫制度。<br>任务流程：首先搜集养殖场防疫工作相关的信息，其次整合资料进行分析，接着调查如何制作思维导图，最后制作养殖场防疫制度设计的思维导图。<br>任务方法：通过线上线下多种途径结合的方法进行资料的收集，并学习如何制作思维导图。 |

（续表）

<table>
<tr><td rowspan="4">获取信息</td><td colspan="4">要完成任务，需要掌握相关的知识。请收集资料，回答以下问题。<br>1. 防疫制度包括哪几个方面的内容？<br><br>2. 设计防疫制度应该考虑哪些问题？<br><br>3. 禽场疾病防控应该从哪些方面着手？</td></tr>
</table>

<table>
<tr><td>获取信息</td><td colspan="4">要完成任务，需要掌握相关的知识。请收集资料，回答以下问题。<br>1. 防疫制度包括哪几个方面的内容？<br><br>2. 设计防疫制度应该考虑哪些问题？<br><br>3. 禽场疾病防控应该从哪些方面着手？</td></tr>
<tr><td>制订计划</td><td colspan="4"></td></tr>
<tr><td rowspan="6">任务实施</td><td colspan="4">按照预先制订的工作计划，完成本任务，并记录任务实施过程。</td></tr>
<tr><td>序号</td><td>完成的任务</td><td>遇到的问题</td><td>解决的办法</td></tr>
<tr><td></td><td></td><td></td><td></td></tr>
<tr><td></td><td></td><td></td><td></td></tr>
<tr><td></td><td></td><td></td><td></td></tr>
<tr><td></td><td></td><td></td><td></td></tr>
</table>

## 任务准备

### 一、知识准备

#### （一）防疫制度制定原则

疫病综合防治措施是家禽场的安全屏障，是一项全面的、系统的、常年的全场性任务。任何家禽场要想达到最佳的生产水平，取得较高的经济效益，必须科学制定和严格执行综合防疫措施。其总的原则如下。

1. 树立强烈的防疫意识

我国现代家禽生产面临饲养环境的污染、流通范围的扩大和速度的加快、新的疾病的出现和流行、饲养条件和管理的不完善等许多新的现实问题，生产经营者必须树立强烈的防疫意识。

2. 坚持“预防为主”

现代家禽生产规模化，传染病一旦发生或流行，会给生产带来严重的经济损失，特别是那些传播能力较强的传染病，发生后蔓延迅速，有时甚至来不及采取相应的措施已经造成大范围扩散。因此，必须坚持“预防为主”的原则。同时提升畜牧兽医工作人员的业务素质和加强职业道德教育，改变重治轻防的传统防疫模式，尽快与国际接轨。

3. 坚持综合防疫

应建立安全的隔离条件，防止外界病原传入场内；防止各种传染媒介与鸡体接触或造成危害；减少敏感鸡，消灭可能存在于场内的病原；增强鸡体的抗病能力；保持鸡群的健康。

4. 坚持依法防疫

控制和消灭动物传染病的工作，不仅关系到畜禽生产的经济效益，而且关系到国家的信誉和人民的健康，必须认真贯彻执行国家制定的法规，坚持做到依法防疫。

5. 坚持科学防疫

（1）加强动物传染病的流行病学调查和监测。不同传染病在时间、地区及动物群中的分布特征、危害程度和影响流行的因素有一定的差异。因此，要制定适合本地区或养殖场的疫病防控计划或措施，必须在对该地区展开流行病学调查和研究的基础上进行。

（2）突出不同传染病防治工作的主导环节。传染病的发生和流行都离不开传染源、传播途径和易感动物群的同时存在及其相互联系。因此，任何传染病的控制或消灭都需要针对这 3 个基本环节及其影响因素，采取综合性防控技术和方法。但在实施和执行综合性措施时，必须考虑不同传染病的特点及不同时期、不同地点和动物群的具体情况，突出主要因素和主导措施，即使为同一种疾病，在不同情况下也可能有不同的主导措施，在具体条件下究竟应采取哪些主导措施，要根据具体情况而定。

## 二、材料准备

（1）调查相关的法律规定，查阅《中华人民共和国畜牧法》《中华人民共和国动物防疫法》等法律，了解有关畜禽防疫的相关要求。

（2）调查该养殖场的基本情况，调查场区所在地区的防疫制度，主要要预防的疾病种类，养殖的家禽种类、生产模式等情况。

（3）收集其他养殖场的防疫制度，调查不同养殖企业的防疫制度，作为参考。

## 三、人员准备

人员分组，每组 5 人，明确职责分工（表 6–3）。

**表6–3 人员分工表**

| 任务角色 | 任务内容 |
|---|---|
| 组长： | 任务： |
| 组员 1： | 任务： |
| 组员 2： | 任务： |

（续表）

| 任务角色 | 任务内容 |
| --- | --- |
| 组员 3： | 任务： |
| 组员 4： | 任务： |

## 任务筹划

**（一）内容筹划**

明确要调查的项目，明确养殖的规模和养殖的种类，明确村集体所在位置及当地禽病流行情况，明确相关的政策要求。

**（二）方法筹划**

认真思考如何才能获取更好的信息，通过哪些渠道获取信息资料，考虑如何调查当地的基本情况。

**（三）流程筹划**

第一步：深入了解防疫制度建立的基本原则。

第二步：调查当地的基本情况。

第三步：调查其他不同养殖企业的防疫制度。

第四步：整合各种资料，总结不同场区防疫制度的优缺点。

第五步：综合各种信息，建立符合当前养殖场的防疫制度。

## 任务实施

步骤一：

步骤二：

步骤三：

步骤四：

步骤五：

任务总结：

## 任务检测

请扫描二维码答题。

## 任务评价

根据任务完成情况，对展示成果做出评价（表 6-4）。

**表6-4 工作任务完成过程评价表**

班级：________ 组别：________ 姓名：________

| 项目 | 评分标准 | 分值 | 自我评价 | 小组评价 | 教师评价 |
|---|---|---|---|---|---|
| 内容评价 | 1. 体现防疫制度确立的法律要求 | 10 | | | |
| | 2. 体现建立防疫制度的原则 | 10 | | | |
| | 3. 体现建立防疫制度需要考虑的问题 | 10 | | | |
| 技能评价 | 1. 能够进行相关法律条文的查询和应用 | 10 | | | |
| | 2. 能够结合实际情况设计防疫制度 | 10 | | | |
| | 3. 能够对不同信息进行整合和分析 | 10 | | | |
| | 4. 能够完整制作思维导图并能够使用 | 20 | | | |
| 思政评价 | 1. 学习我国的相关动物法律法规 | 10 | | | |
| | 2. 培养学生遵守法律法规的意识 | 10 | | | |
| 合计 | | 100 | | | |
| 自我评价与总结 | | | | | |
| 教师点评 | | | | | |

**课程思政专栏**

### “2021年动物防疫·蓝剑清源”行动助力高地建设

为加强动物防疫安全管理，助力打造绿色有机农畜产品输出地，保障畜牧业高质量健康发展，按照农业农村部有关部署和省人民政府要求，结合青海省实际，近期，青海省农业农村厅制定了《青海省“2021动物防疫·蓝剑清源”系列执法行动实施方案》，为打造绿色有机农畜产品输出地和畜牧业高质量健康发展保驾护航。

据了解，从2021年5月11日起，青海省各地将全面开展打击违法调运畜禽经营行为专项整治行动和打击生产经营假劣兽药专项整治行动，切实增强生产、经营、运输者防疫意识，创建依法促防、依法促检和依法整改的新局面，坚决防止因非法调运导致非洲猪瘟等重大动物疫情和人兽共患病发生，并鼓励养殖场（户）开展兽药减量化使用，坚决查处抽检和风险监测不合格兽药，严厉打击经营添加“瘦肉精”、生产经营假劣兽药、未经许可生产销售兽药、不执行休药期等违法行为。

同时，2021年6月，各地将用1个月时间组织开展病死畜禽无害化处理执法检查行动，8月下旬至11月中旬，各地将联合公安、市场监管等部门开展打击私屠滥宰违法行为专项整治行动，加强法律法规和典型案例宣传，形成严打私屠滥宰行为的高压态势。

此外，组织开展规模养殖场、养殖小区执法检查行动，发现问题，及时整改，不断提高规模养殖场、养殖小区生物安全管理水平。

（来源：“中国兽医发布”微信公众号）

【启示】加强动物防疫安全管理，助力打造绿色有机农畜产品输出地，保障畜牧业高质量健康发展，是保障人民食品安全的重要措施，具有重要意义。进入新时代以来，随着国民经济的发展，我国发展从高速发展向高质量发展转变，贯彻新发展理念，绿色发展，健康发展。

## 任务三　禽场消毒技术

**任务导入**

消毒是利用物理、化学等方法杀死病原微生物以防止传染病传播的措施。常用的消毒法有物理的加热消毒法和化学的药剂消毒法。加热能使病原微生物细胞中的蛋白质凝固并使酶失活，因而能杀死微生物。煮沸是最常用的加热消毒法，一般不产芽孢的微生物经 5 min 煮沸就可被杀死。用于消毒的化学药剂称为消毒剂。常用的消毒剂种类很多，有 75% 酒精、碘酊、汞溴红（红药水）、龙胆紫（紫药水）、氯等。大多数消毒剂能使蛋白质凝固，碘酊中的碘能与蛋白质中的氨基酸结合，汞溴红中的汞能与蛋白质中的巯基结合，氯在与水作用时放出具有很强氧化能力的新生氧，使蛋白质氧化变性。消毒剂一般只对细菌的营养体有效，而对芽孢很少有杀死作用。

一家刚新建的养禽场，消毒方法和技术还不够成熟，请制作一份消毒知识介绍的 PPT，帮助该养禽场建立完备的消毒制度，以抵御各种病原微生物的侵袭。

## 任务工单

班级：＿＿＿＿＿＿＿＿ 姓名：＿＿＿＿＿＿＿＿ 学号：＿＿＿＿＿＿＿＿

<table>
<tr><td>任务名称</td><td colspan="4">养禽场消毒技术介绍 PPT</td></tr>
<tr><td>任务描述</td><td colspan="4">根据实际情况，填写本任务的内容、目的、流程和方法。<br>任务内容：制作 PPT，介绍养禽场的消毒技术及方法。<br>任务目的：帮助该养禽场人员熟悉消毒的技术要求。<br>任务流程：首先搜集养禽场消毒以及消毒剂的相关信息，其次分析整合资料，最后制作介绍消毒的 PPT 完成任务。<br>任务方法：通过线上线下多种途径结合的方法进行资料的收集，并学习 PPT 的制作。</td></tr>
<tr><td>获取信息</td><td colspan="4">要完成任务，需要掌握相关的知识。请收集资料，回答以下问题。<br>1. 消毒与灭菌的区别在哪？<br><br>2. 消毒的方法有哪些？<br><br>3. 消毒剂的作用机理是什么？<br><br>4. 如何保证消毒剂的消毒效果？</td></tr>
<tr><td>制订计划</td><td colspan="4"></td></tr>
<tr><td rowspan="6">任务实施</td><td colspan="4">按照预先制订的工作计划，完成本任务，并记录任务实施过程。</td></tr>
<tr><td>序号</td><td>完成的任务</td><td>遇到的问题</td><td>解决办法</td></tr>
<tr><td></td><td></td><td></td><td></td></tr>
<tr><td></td><td></td><td></td><td></td></tr>
<tr><td></td><td></td><td></td><td></td></tr>
<tr><td></td><td></td><td></td><td></td></tr>
</table>

## 任务准备

### 一、知识准备

#### （一）消毒的意义

传染病是危害畜禽生产最为严重的疾病，可引起动物群体性发病或死亡。坚持预防为主、防重于治的原则，通过搞好饲养管理、环境卫生、消毒和预防接种等综合防治措施，可有效控制和杜绝传染病的发生。消毒是贯彻预防为主防重于治的首要措施。

消毒，通常是指运用各种方法清除或杀灭饲养环境中（包括动物体表皮肤黏膜和体表浅体腔）的各类病原体，减少病原体对饲养环境的污染，切断疾病的传播途径，达到防止疾病发生、蔓延，进而控制和消灭传染病的目的。

#### （二）消毒的分类

1. 物理消毒

紫外线、高温、超声波、电离辐射。

2. 化学消毒

使用消毒剂进行消毒。

3. 生物消毒

养殖场排泄物堆积发酵是利用嗜热细菌繁殖产生的热量杀灭病原微生物及对病畜禽进行无害化处理。

物理消毒和生物消毒只是在某些场合下使用，限制性较多。

#### （三）消毒剂的作用机理

1. 对细胞壁的作用

许多消毒剂在较低浓度时就可使微生物细胞壁完全溶解而达到杀菌的目的；酚类消毒剂可溶解繁殖期的大肠杆菌；阳离子表面活性剂对革兰氏阴性菌的细胞壁有解聚破坏作用；戊二醛可以和细胞壁脂蛋白发生交联，和细胞壁磷酸中的酯联残基形成侧链，从而封闭细胞壁，阻碍微生物对营养物质的吸收和废物的排出。

2. 对细胞膜的作用

消毒剂可通过氧化磷酸化的解偶联及其他方式抑制或破坏细胞膜的结构和功能；表面活性剂可穿透具有大量微孔的细胞壁而进入细胞内，并能和膜上的类脂—蛋白质复合物反应，破坏局部或整个组织结构，从而使得低分子量的化合物从胞质内逸出，甚至可诱使自溶酶引起细胞壁溶解；消毒剂干扰氧化磷酸化的解偶联和胞壁的正常运输功能；消毒剂干扰破坏膜上酶的结构，使其活性功能丧失。

3. 消毒剂对病原体内成分的作用

使胞质内蛋白质和酶发生不可逆的变性、凝固，导致结构蛋白和功能蛋白都遭到严重破坏；同时参与各种生理代谢活动的酶结构和功能被破坏，这样细菌就处于瘫痪状态而迅速死亡；很多消毒剂可与核苷酸发生反应，如嘌呤和嘧啶环上的氨基通常是消毒剂作用的靶点，从而破坏病原体的生活功能；有些消毒剂可破坏核糖体的结构和功能，阻碍蛋白质的合成。

**（四）选择消毒剂的原则**

由于消毒对象和应用场合的不同，所要考虑的因素也有不同，作为优秀的消毒剂应当具备以下特点。

（1）消毒范围广，对各种微生物都有效。

（2）高效，低浓度时仍具有很好的杀菌能力。

（3）消毒速度快，作用持久。

（4）在低温下使用仍然有效。

（5）受有机质影响较小，耐酸碱环境。

（6）易溶于水，使用方便。

（7）无刺激性，无腐蚀性，无毒性，对人畜安全。

（8）无味无臭，消毒后易于除去残留药物。

（9）不易燃易爆，便于运输。

（10）性质稳定，不易分解、降解，耐贮存。

## 二、材料准备

（1）调查消毒剂的基本情况，查阅消毒剂的有关知识，包括种类、用途、杀菌范围等。

（2）调查该养殖场的基本情况，调查场区所在地区的防疫制度，主要需要预防的疾病种类，养殖的家禽种类、生产模式等情况。

（3）收集其他养殖场的消毒情况，调查不同养殖企业使用的消毒剂种类、用法、价格、购买途径及相关的法律法规等，作为参考。

## 三、人员准备

人员分组，每组 5 人，明确职责分工（表 6–5）。

**表6–5 人员分工表**

| 任务角色 | 任务内容 |
|---|---|
| 组长： | 任务： |
| 组员 1： | 任务： |
| 组员 2： | 任务： |
| 组员 3： | 任务： |
| 组员 4： | 任务： |

## 任务筹划

**（一）内容筹划**

明确要调查的内容，要学习的知识和相关的法律法规，消毒剂的种类，养殖场的基本情况等。

**（二）方法筹划**

认真思考如何才能获取更有效的信息，通过哪些渠道获取信息资料，如何判断消毒的效果，如何结合实际情况设计合理的消毒方案，如何查询消毒剂购买途径等。

**（三）流程筹划**

第一步：深入学习消毒有关的知识。

第二步：调查需要建立消毒制度的养殖场的基本情况。

第三步：调查其他不同养殖企业的消毒情况。

第四步：整合各种资料，总结不同场区防疫制度的优缺点。

第五步：综合各种信息，建立符合当前养殖场的防疫制度。

## 任务实施

步骤一：

步骤二：

步骤三：

步骤四：

步骤五：

任务总结：

## 任务检测

请扫描二维码答题。

## 任务评价

根据任务完成情况，对展示成果做出评价（表 6–6）。

**表6–6　工作任务完成过程评价表**

班级：＿＿＿＿＿＿＿＿　组别：＿＿＿＿＿＿＿＿　姓名：＿＿＿＿＿＿＿＿

| 项目 | 评分标准 | 分值 | 自我评价 | 小组评价 | 教师评价 |
|---|---|---|---|---|---|
| 内容评价 | 1. 体现消毒的基本原理 | 10 | | | |
| | 2. 体现消毒剂的种类及用途 | 10 | | | |
| | 3. 体现消毒剂的使用要点 | 10 | | | |
| 技能评价 | 1. 能够设计合理的消毒制度 | 10 | | | |
| | 2. 能够指导依据实际情况购买消毒剂 | 10 | | | |
| | 3. 能够对不同信息进行整合和分析 | 10 | | | |
| | 4. 能够形成消毒知识介绍的 PPT | 20 | | | |
| 思政评价 | 1. 具备相关法律意识 | 10 | | | |
| | 2. 具备科学精神 | 10 | | | |
| 合计 | | 100 | | | |
| 自我评价与总结 | | | | | |
| 教师点评 | | | | | |

## 课程思政专栏

### 强化禽流感防控

2020 年 1 月，农业农村部通报新疆候鸟 H5N6 高致病性禽流感疫情 4 起、湖南家禽 H5N1 高致病性禽流感疫情 1 起。加上冬春季节气候异常，畜禽抗病力下降，畜禽补栏开始，畜禽调运增多，疫情传入风险加大。青海省全省农业农村部门迅速行动，将高致病性禽流感防控与非洲猪瘟等重大动物疫情防控工作有机结合，扎实开展防控工作。

强化基础免疫与补免。及早谋划和组织开展禽类春防工作，实行集体免疫和日常补免相结合的制度，湟源县、互助县调拨 50 万羽份高致病性禽流感疫苗进行免疫，海晏县紧急免疫接种高致病性禽流感疫苗238羽。加强禽舍及环境卫生消毒灭源，西宁市坚持每日一消毒，对养殖场户、屠宰场等全面消毒，累计消毒圈舍42.11万$m^2$。

强化疫情监测与排查。制定疫情监测与排查方案，采样监测14个县的家禽样品1 400份、4个县的野生禽鸟样品80份。西宁市、海西蒙古族藏族自治州（以下简称海西州）、海北藏族自治州等地排查家禽11.4万羽和大雁、孔雀等22只，对青海湖边、河道、水库等进行巡查，未发现异常。玉树市对隆宝湖保护区候鸟情况进行巡查，未发现候鸟迁徙、栖息。

强化检疫监督与执法。加强雏鸡等禽类及其产品调运监管，加强家禽产地检疫，严格执行跨省引进动物审批备案制度，严格执行异地调运的全程监控工作。严厉打击贩卖病死禽类及其产品的违法行为。配合市场管理部门加强活禽交易市场监管，推动建立清洗、消毒和休市制度。2020年1月以来，监管进省家禽63.86万羽，产地检疫家禽3.62万羽，屠宰检疫禽肉26.94万kg。

强化应急准备与值守。健全应急体系机制，规范应急程序，加强疫苗、诊断试剂、消毒药品等应急物资储备，组织开展应急预案演练，各级重大动物疫病防治办公室严格执行24 h应急值守，及时报告、迅速应对、果断处置突发疫情。

（来源："执业兽医"微信公众号）

**【启示】**树立疾病防范意识是非常重要的，将疾病传播风险扼杀在萌芽状态，可以尽可能地减少经济损失。健全应急体系机制，规范应急程序，加强疫苗、诊断试剂、消毒药品等应急物资储备，组织开展应急预案演练，是保障生产安全的重要手段。

## 任务四　家禽免疫接种

### 任务导入

青海金润禾丰农牧科技有限公司位于湟源县波航乡甘沟村，成立于2011年4月，总投资1 075.06万元，距离县城5 km，占地约1.5万$m^2$。董事长颜生金，从事养殖六年多，养殖场规模由过去的8 000只鸡，发展到今天5万羽的无公害农产品蛋鸡养殖规模。近年来与石羊农业集团股份有限公司合作，养殖水平和效益发生了巨大变化。

该企业由于规模扩大，免疫接种的成本增加，准备自行进行家禽的免疫接种工作，请制作一份免疫技术手抄报，为该企业提供技术指导。

## 任务工单

班级：__________ 姓名：__________ 学号：__________

<table>
<tr><td>任务名称</td><td colspan="4">免疫技术手抄报制作</td></tr>
<tr><td>任务描述</td><td colspan="4">根据实际情况，填写本任务的内容、目的、流程和方法。<br>任务内容：结合防疫技术要领，制作一份手抄报。<br>任务目的：帮助企业人员进行防疫技术的学习。<br>任务流程：首先，搜集免疫接种有关的信息，包括免疫的原理和方法等；其次，分析资料，并调查手抄报该如何制作；最后，制作防疫技术的手抄报。<br>任务方法：通过线上线下多种途径结合的方法进行资料的收集，并学习技术类的手抄报如何制作。</td></tr>
<tr><td>获取信息</td><td colspan="4">要完成任务，需要掌握相关的知识。请收集资料，回答以下问题。<br>1. 免疫接种的原理是什么？<br><br>2. 免疫接种的意义有哪些？<br><br>3. 疫苗如何选择？<br><br>4. 免疫接种的要点有哪些？</td></tr>
<tr><td>制订计划</td><td colspan="4"></td></tr>
<tr><td rowspan="6">任务实施</td><td colspan="4">按照预先制订的工作计划，完成本任务，并记录任务实施过程。</td></tr>
<tr><td>序号</td><td>完成的任务</td><td>遇到的问题</td><td>解决的办法</td></tr>
<tr><td></td><td></td><td></td><td></td></tr>
<tr><td></td><td></td><td></td><td></td></tr>
<tr><td></td><td></td><td></td><td></td></tr>
<tr><td></td><td></td><td></td><td></td></tr>
</table>

## 任务准备

### 一、知识准备

#### （一）免疫接种

免疫接种是用人工方法将免疫原或免疫效应物质输入到机体内，使机体通过人工自动免疫或人工被动免疫的方法获得防治某种传染病的能力。用于免疫接种的免疫原（即特异性抗原）、免疫效应物质（即特异性抗体）等皆属生物制品。

疫苗制剂进入机体后，通过刺激产生抗体，形成疾病免疫力。疫苗种类包括灭活或减毒微生物的混悬液、微生物制品或衍生物。使用疫苗的最常见方法是注射，但也有口服制剂或鼻雾剂型疫苗。

#### （二）免疫接种的意义

免疫接种是预防和控制传染病的重要技术措施。近年来，随着肉鸡规模化、集约化养殖的发展，饲养密度越来越大，鸡病发生更频繁，也越来越复杂。疫苗免疫作为控制疫病的主要措施起到了关键作用，但是在实际生产中，疫苗在贮运及使用方面还存在很多误区，免疫失败现象时有发生。因此，科学地选择和使用疫苗非常重要。免疫接种要从疫苗的选择和贮存、免疫操作方法、免疫程序的制定、免疫效价监测、紧急免疫接种的注意事项等方面进行考虑，指导畜禽规模养殖场开展并重视免疫工作，防止免疫失败。

#### （三）疫苗的选择和贮运

肉鸡养殖场要根据本地区、本场疫病的发生情况和程度，鸡群日龄的大小和是否需要强化免疫接种来选择疫苗。对于本地区或本场从来没有发生的疫病，不建议使用相关疫苗进行免疫。疫病发生较轻微、鸡群日龄小或初次免疫的，要选择弱毒疫苗接种。疫病发生比较严重的，同时鸡群日龄较大或加强免疫时，要选用毒力较强的疫苗。要严格按照产品说明书规定的条件进行运输和保管。疫苗在使用时，放在保温箱内要加冰袋保存，做到冷链不断。同时疫苗要随用随取。

#### （四）免疫接种要点

1. 点眼免疫

弱毒苗一般可以考虑点眼。接种时左手抓鸡，右手持装好滴嘴的稀释液瓶，排气倒置，将鸡右眼朝上，距眼 0.5~1.0 cm，呈垂直状挤压稀释瓶，点 1 滴疫苗于眼内，待完全吸收后再放开鸡。

2. 饮水免疫

免疫前要严格控水，将水线开关关闭，摇高水线，确保鸡只喝不到水。控水的时间应根据舍温灵活掌握，舍温 30 ℃以下，控水 1~2 h；25~28 ℃，控水 3 h；20~25 ℃，控水 4 h。也可以根据需要喂给少量的饲料，让鸡只产生口渴感，当 70%~80% 的鸡只找水喝时，开始免疫。

免疫开始以后，要抓鸡检查舌头是否变蓝，待免疫结束保证 100% 肉鸡都能喝到疫苗的水。待饮完加药桶内的疫苗，关闭水阀 30 min，让鸡将水线管内的疫苗也喝干净。为保证鸡只完全饮完，在饮疫苗前 3 d 连续记录饮水量，取其平均值来确定饮水量，也可以在前一天按饮水量的 1/4 或前一天采食量的 1/2 确定疫苗的饮水量。饮水免疫时，全群给苗时间应该一致，保证所有鸡只尽可能同时饮上疫苗水，2~3 h 内全部饮完。

3. 注射免疫

灭活疫苗和某些弱毒疫苗要根据鸡群的日龄大小，选择颈背侧皮下、胸肌浅层及大腿外侧肌肉等处注射免疫。皮下注射时，用左手拇指和食指将头顶后的皮肤捏起来，局部消毒后，注射针头近似于水平刺入，按剂量注入疫苗。胸肌注射时，针头沿着 30° 角斜向刺入，注意不能垂直进针以免伤及内脏。注射免疫吸取疫苗的针头和注射的针头要严格分开，防止疫病传播或引发接种部位感染。

4. 气雾免疫

在实施气雾免疫时，要关闭门窗和风机，网上平养或地面平养肉鸡要尽量保持相对集中。气雾机的位置要求在鸡群上方 60~90 cm 的地方，喷雾要保证气雾全面覆盖，使鸡群背部羽毛略有潮湿即可。严格控制雾滴的大小，直径在 60 μm 为好，避免鸡出现呼吸道方面的副反应。为了防止副反应的发生，在气雾免疫前后，可在饲料中适当添加抗生素。

5. 免疫程序的制定

科学合理的免疫程序要根据本地区、本场的肉鸡发病情况、疫病的流行特点、疫苗的特性和免疫效价监测结果来制定。如果免疫后仍有免疫病种的疾病流行，要立即查明原因，进行适当调整和改进。如果应用良好，则要保持固定，不要随意变更。

6. 免疫监测

免疫监测是科学评价免疫质量的有效手段，也是摸清鸡群免疫状况、制定科学的免疫程序的依据。疫苗接种后 15~21 d 内，规模场按照 0.2%~0.5% 随机抽样进行抗体监测，及时评价免疫效果。规模场抗体效价在 95% 以上为合格，若监测发现效价较低，要及时查找原因，重新进行免疫。

7. 紧急接种

周边鸡场或本场暴发传染病疫情时，要及时对受威胁的鸡群进行紧急免疫接种，并且越早越好。对尚未发病的鸡群，可以使用疫苗进行免疫，也可以使用高免血清进行紧急预防免疫。已经感染或发病的鸡群，要使用高免血清进行紧急注射治疗，同时采取相应的防范措施，比如一禽一针，防止人为造成疫病传播。

8. 注意事项

（1）免疫前后对鸡群进行认真检查，有病或不健康的鸡只严禁接种。在恶劣天气时，要调整接种时间。对所有免疫接种器械进行严格消毒。废弃的疫苗瓶及包装物按照有关规定进行无害化处理。

（2）在免疫接种前后 5~7 d 内，在饲料或饮水中要停用对免疫有影响的药物及消毒剂。为了降低免疫造成的应激反应，可饲喂多种维生素以抗应激。

## 二、材料准备

（1）调查免疫接种的相关知识。

（2）调查该养殖场的基本情况，场区所在地区的防疫制度，主要需要预防的疾病种类，养殖的家禽种类、生产模式等情况。

（3）收集其他情况，调查如何进行免疫接种，市面上主要的免疫接种方法，免疫接种使用的器械工具等。

## 三、人员准备

人员分组，每组 5 人，明确职责分工（表 6–7）。

**表6–7　人员分工表**

| 任务角色 | 任务内容 |
|---|---|
| 组长： | 任务： |
| 组员 1： | 任务： |
| 组员 2： | 任务： |
| 组员 3： | 任务： |
| 组员 4： | 任务： |

## 任务筹划

### （一）内容筹划

明确要调查的内容，明确要学习的知识和相关法律法规，明确要调查的免疫接种的方法。

### （二）方法筹划

认真思考如何才能获取更有效的信息，通过哪些渠道获取信息资料，如何进行免疫接种以及判断免疫的效果，如何结合实际情况设计合理的免疫接种方案，如何查询消毒剂购买途径等。

### （三）流程筹划

第一步：深入学习免疫接种有关的知识。

第二步：调查需要进行免疫接种的养殖场的基本情况。

第三步：调查免疫的相关流程、所使用的仪器设备、购买厂家等情况。

第四步：整合各种资料，制定免疫程序，确定免疫接种途径。

第五步：综合各种信息，形成手抄报。

## 任务实施

步骤一：

步骤二：

步骤三：

步骤四：

步骤五：

任务总结：

## 任务检测

请扫描二维码答题。

## 任务评价

根据任务完成情况，对展示成果做出评价（表 6-8）。

**表6-8 工作任务完成过程评价**

班级：__________ 组别：__________ 姓名：__________

| 项目 | 评分标准 | 分值 | 自我评价 | 小组评价 | 教师评价 |
|---|---|---|---|---|---|
| 内容评价 | 1. 体现免疫的基本原理 | 10 | | | |
| | 2. 体现免疫的方法 | 10 | | | |
| | 3. 体现免疫接种的注意事项和技术要领 | 10 | | | |
| 技能评价 | 1. 能够设计合理的免疫程序 | 10 | | | |
| | 2. 能够结合实际情况选择合适的疫苗 | 10 | | | |
| | 3. 能够对不同信息进行整合和分析 | 10 | | | |
| | 4. 能够制作完整的手抄报 | 20 | | | |
| 思政评价 | 1. 具备忧患意识，前瞻性思想 | 10 | | | |
| | 2. 具备全局性思考问题的能力 | 10 | | | |
| 合计 | | 100 | | | |

（续表）

| 自我评价与总结 | |
|---|---|
| 教师点评 | |

**课程思政专栏**

## 青海省启动春季防疫工作

为持续强化非洲猪瘟等重大动物疫病防控和重点人兽共患病源头控制，入春以来，青海省农业农村厅紧紧围绕“保供固安全、振兴畅循环”目标定位，突出重点区域，推进布病防控攻坚行动，扎实开展春季动物疫病防控，各项工作推进有序。

春季动物防疫工作于2023年4月上旬启动，5月上旬全面完成。目前，累计调拨发放消杀物资9.3 t，消杀养殖环境290万$m^2$；发放口蹄疫等主要动物疫病疫苗8 476万头份（万mL），牛出败等13种地方性流行病疫苗1.4亿头份，免疫各类畜禽1 920.034万头（只、羽）。

据了解，全省开展科技服务基层、防疫督导分片包干、“千名兽医包场联户”等活动，1 108名兽医专业技术人员与1 504个场（户、村）建立了帮联关系，入场入户开展动物疫病防控宣传指导。严格落实跨省调运动物指定通道入省制度、“点对点”调运制度，做好调运前检疫监督，突出抓好落地隔离、落地检测，累计开展产地检疫57.65万头（只、羽），屠宰检疫102.17万头（只、羽）。

（来源：“中国兽医发布”微信公众号）

**【启示】**接种疫苗是防范畜禽传染病、保障安全生产的重要手段。按照相关文件指示精神和相关部门部署要求，牢固树立安全发展理念，严守安全生产红线，坚决防范各类安全生产事故，要聚焦重点领域、重点行业、重点场所，摸清找准短板漏洞、风险隐患、关键要害，做到隐患排查要全面、问题整治要坚决、风险防控要有力、应急反应要迅速，以“一万”的努力防止“万一”的发生，进一步筑牢安全生产防线。

# 任务五 病鸡的鉴别

## 任务导入

在养殖过程中，需要场长与饲养员每天多次观察鸡群健康状况，及时做出判断，并调整环境状态，以避免鸡群疾病的持续发生。从看到的表象去了解其背后的本质，以便鉴别鸡群的健康状况，根据鸡群的状况进行动态管理，使鸡群达到更好的健康和福利状况，取得更好的生产成绩。

小李是某家禽养殖企业新入职饲养员，要对鸡群进行日常的巡视工作，请制作一份PPT，帮助小李鉴别病鸡与健康鸡。

## 任务工单

班级:____________ 姓名:____________ 学号:____________

| 任务名称 | 制作病鸡与健康鸡鉴别 PPT |
|---|---|
| 任务描述 | 根据实际情况，填写本任务的内容、目的、流程和方法。<br>任务内容：结合病鸡的有关特征，制作病鸡与健康鸡鉴别 PPT。<br>任务目的：帮助企业工作人员更好地识别病鸡，保障健康生产。<br>任务流程：首先搜集鸡场工作内容的相关信息，然后分析总结资料，最后制作PPT。<br>任务方法：通过线上线下多种途径结合的方法进行资料的收集，并学习 PPT 的制作。 |
| 获取信息 | 要完成任务，需要掌握相关的知识。请收集资料，回答以下问题。<br>1. 健康鸡群的表现是什么？<br><br>2. 病鸡检查的项目有哪些？<br><br>3. 判断鸡群健康与否的具体指标有哪些？ |

（续表）

<table>
<tr><td>制订计划</td><td colspan="4"></td></tr>
<tr><td rowspan="6">任务实施</td><td colspan="4">按照预先制订的工作计划，完成本任务，并记录任务实施过程。</td></tr>
<tr><td>序号</td><td>完成的任务</td><td>遇到的问题</td><td>解决的办法</td></tr>
<tr><td></td><td></td><td></td><td></td></tr>
<tr><td></td><td></td><td></td><td></td></tr>
<tr><td></td><td></td><td></td><td></td></tr>
<tr><td></td><td></td><td></td><td></td></tr>
</table>

## 任务准备

### 一、知识准备

#### （一）健康鸡的表现

一般来说，健康鸡的外貌特征如下。

（1）鸡冠、肉髯大而红润，富有弹力，手触之有温暖感。若是高产鸡则有的鸡冠倒向一侧。

（2）羽毛较干燥、粗糙、换毛迟，有的高产鸡边换毛边产蛋。

（3）健康鸡的肛门宽大而湿润，趾骨之间可放下 3 根手指。

（4）其皮肤退色较快，从肛门、眼睑、耳朵、喙、脚等部位依次退色。

（5）在喂料和加水时健康鸡反应灵敏，呈急不可待之势。反之，病鸡的冠萎缩而苍白，精神不振，两眼闭合，动作缓慢，反应迟钝，病重时伏卧或呆立不动。

从外貌特征上不仅可以看出鸡的健康与否，还可有效识别寡产鸡和停产鸡并及时淘汰。

#### （二）鉴别方法

1. 看食欲与采食量

（1）健康鸡群食欲旺盛，消耗的饲料量和饮水量都是相对稳定的，且个体有一定重量。

（2）病鸡则不吃食或少吃食，鸡群消耗的饲料量和饮水量均变化较大，个体也肉薄身轻。

因此可根据每天（次）饲喂饲料量，掌握摄食量增减情况，进一步判断鸡群是否健康。比如饲养环境温度发生较大变化时，采食量就会产生变化；部分传染病可引起鸡群食欲减退甚至废绝，而感染伤寒、霍乱和曲霉菌等则常有口渴的表现。

2. 看泄殖腔与排泄物

（1）健康鸡的泄殖腔周围羽毛较洁净，鸡粪为圆柱形，细而弯曲或卷成圆盘状，外部夹杂有白色薄层尿酸盐。

（2）病鸡的粪便颜色、性状均有变化，且常粘连在泄殖腔周围。

①雏鸡患白痢时呈白色糊状或石灰样。

②患上新城疫呈黄色、黄绿色或灰白色稀粪，肛门周围有点状出血点。

③患上传染性法氏囊病，则排出黄白色水样稀粪。

④患上球虫病时呈棕红色稀便或血便。血便还可能提示其他疾病如霍乱、马立克氏病和白血病等。

3. 看体温

鸡的正常体温是41~43 ℃。雏鸡正常体温比成鸡体温低3 ℃，保温能力弱，因此，低温期雏鸡易“打堆”取暖，所以必须做好育雏保温工作。一般而言急性病鸡体温升高，呼吸时快时慢，心跳紊乱不规则。如患呼吸道疾病时，产生流鼻涕、咳嗽、呼吸有呼噜声，时而打喷嚏，上呼吸道和气囊中有黏性渗出物，眼睑肿胀，重者失明等症状。如低致病性禽流感，会导致鸡体温明显升高，采食量下降，蛋鸡产蛋量明显下降，且蛋壳发白。

4. 看行为与形态

（1）动态时健康鸡精神饱满，行动敏捷，步态有力，勤于觅食，行动敏捷，羽毛紧贴；而病鸡精神萎靡，弯颈拱背，行动缓慢，步伐不稳，懒于觅食，羽毛松乱，翅尾下垂。

（2）静态时健康鸡呼吸顺畅，不张嘴，眼睛干净且灵活有神；病鸡则呼吸困难，不时张嘴，眼红或眼球浑浊不清，缩颈闭目，时有分泌物流出，并对外来声音反应迟钝，头颈扭转不灵活，或将头插于翅膀中等。同时还可从声音判断，健康鸡叫声长而响亮；病鸡则叫声无力，短促嘶哑。鸡排泄时发出“吱吱”的疼痛声可能是鸡白痢的表现；而咳嗽和打喷嚏则可能与新城疫、传染性支气管炎和支原体病有关。

## 二、材料准备

（1）调查鸡群巡视的相关知识，查阅如何进行鸡群的巡视及鸡群巡视的重要意义。

（2）调查健康鸡群的状态，调查正常的健康的鸡有哪些特征和表现。

（3）收集如何进行鸡群健康状况的鉴别，调查鸡群健康状况通过哪几个方面去判断，如何判断等材料。

## 三、人员准备

人员分组，每组5人，明确职责分工（表6–9）。

表6-9　人员分工表

| 任务角色 | 任务内容 |
| --- | --- |
| 组长： | 任务： |
| 组员 1： | 任务： |
| 组员 2： | 任务： |
| 组员 3： | 任务： |
| 组员 4： | 任务： |

## 任务筹划

### （一）内容筹划

明确要调查的内容，明确要学习的知识。

### （二）方法筹划

认真思考如何才能获取更好的信息，通过哪些渠道获取信息资料，如何正确判断鸡群是否健康。

### （三）流程筹划

第一步：深入学习健康鸡的状态。

第二步：学习病鸡的状态。

第三步：调查鸡健康情况鉴别的项目。

第四步：整合各种资料，进行鉴别。

第五步：综合各种信息，制作鉴别 PPT。

## 任务实施

步骤一：

步骤二：

步骤三：

步骤四：

步骤五：

任务总结：

## 任务检测

请扫描二维码答题。

## 任务评价

根据任务完成情况，对展示成果做出评价（表 6–10）。

**表6–10　工作任务完成过程评价**

班级：________　组别：________　姓名：________

| 项目 | 评分标准 | 分值 | 自我评价 | 小组评价 | 教师评价 |
|---|---|---|---|---|---|
| 内容评价 | 1. 体现鸡群巡视的重要性 | 10 | | | |
| | 2. 体现健康鸡的特征 | 10 | | | |
| | 3. 体现病鸡的鉴别 | 10 | | | |
| 技能评价 | 1. 能够鉴别病鸡 | 10 | | | |
| | 2. 能够结合实际情况对病鸡及时进行处理 | 10 | | | |
| | 3. 能够对不同信息进行整合和分析 | 10 | | | |
| | 4. 能够形成具有指导性的 PPT | 20 | | | |
| 思政评价 | 1. 具备细心的工作态度 | 10 | | | |
| | 2. 具备食品安全意识 | 10 | | | |
| 合计 | | 100 | | | |
| 自我评价与总结 | | | | | |
| 教师点评 | | | | | |

课程思政专栏

## 青海省动物防疫工作持续向好

日前，农民日报记者从青海省2023年动物疫病防控工作会议暨动物防疫技术培训班上获悉，过去一年，全省全力以赴抓防疫，攻坚克难守底线，想方设法建体系，重大动物疫情保持平稳态势，得到农业农村部的充分肯定，首次跻身全国优秀行列。

据悉，2022年，青海省在动物防疫体系建设方面实现新突破，投资1.82亿元建设乡镇兽医站185个，实现农区全覆盖。累计建设动物防疫注射栏5 993套，近7 000名村级动物防疫员工作补助新政全部兑现。面对堵点、难点多的严峻形势，青海省各地坚持预防为主的总基调，以免疫为基础，以监管为保障，以布病为主攻方向，毫不放松地抓好动物疫病防控，全省动物防疫工作呈现出人兽共患病防治稳步推进、无害化处理体系试点初见成效、兽医科技人才支撑多向发力等特点。

当前春防已全面启动，各类疫苗已陆续调拨到位。各地将进一步压实责任，督促养殖场做好程序化免疫，指导养殖户落实好集中免疫和定期补免，实现口蹄疫、小反刍兽疫等强制免疫动物疫病“应免尽免”，确保抗体水平达到规定标准。将畜间布病防控攻坚行动作为当前和今后一个时期的重点工作，将布病防控纳入乡村振兴“八大行动”和绿色有机农畜产品输出地建设内容，进一步压实属地管理责任、部门监管责任和养殖者主体责任。同时将启动实施畜禽屠宰“严规范、促提升、保安全”三年行动，组织开展屠宰企业调查，全面摸清畜禽屠宰企业现状，集中开展一次清理整治，坚决淘汰不符合法定条件和发展规划的畜禽屠宰企业。

动物防疫事关绿色有机农畜产品输出地打造和巩固拓展脱贫攻坚成果，在促进畜牧业高质量发展、保障肉蛋奶等食物安全有效供给、维护公共卫生安全和生物安全方面具有不可替代的作用。下一步，青海省将坚持不懈抓好非洲猪瘟等重大动物疫病常态化防控、全力以赴推进畜间布病防控攻坚行动、加强和改进畜禽屠宰与兽药行业管理、强化动物卫生监督执法、全面提升动物疫病综合防控水平，不断夯实畜牧业生产安全、畜产品质量安全、公共卫生安全和生物安全基础。

会议通报了2022年度重大动物疫病防控目标责任考核暨绩效评估结果，并安排了牛结节性皮肤病防治技术、布鲁氏菌病防治技术、无纸化出具动物产品检疫合格证明（B证）操作等相关技术培训。

（来源：中国动物卫生与流行病学中心）

【启示】动物疫病的防治是防止规模性动物传染病传播、保护农牧民生命财产安全的重要举措。要树立生物安全意识，只有在党的领导下，爱岗敬业，团结协作，全社会动员起来才能更好地防控重大传染病的传播。

# 任务六 病死鸡的剖检

## 任务导入

鸡只病理剖检，是一种便于现场开展、可及时确诊的诊断方法。有序解剖，可以准确查看器官的病变，减少对器官和组织的破坏，避免误诊或漏诊，在现场诊断中有重要作用。

某养鸡场最近出现鸡只死亡，并且死亡率较高，作为驻场的技术人员，需要进行病死鸡的剖检。请设计一份病死鸡剖检流程图，帮助其进行剖检，以便进行诊断。

## 任务工单

班级：________ 姓名：________ 学号：________

| 任务名称 | 病死鸡剖检流程图 |
| --- | --- |
| 任务描述 | 根据实际情况，填写本任务的内容、目的、流程和方法。<br>任务内容：设计一份关于病死鸡剖检的流程图。<br>任务目的：将其作为指导的参考资料，帮助养殖场新来的实习兽医进行学习。<br>任务流程：首先搜集病死鸡解剖的相关信息，然后分析内容，最后设计病死鸡剖检的流程图。<br>任务方法：通过线上线下多种途径结合的方法进行资料的收集，并学习调查报告的撰写。 |
| 获取信息 | 要完成任务，需要掌握相关的知识。请收集资料，回答以下问题。<br>1. 鸡剖检前的注意事项有哪些？<br><br><br>2. 病死鸡的解剖流程有哪些？<br><br><br>3. 解剖的检查内容是什么？ |

（续表）

<table>
<tr><td>制订计划</td><td colspan="4"></td></tr>
<tr><td rowspan="6">任务实施</td><td colspan="4">按照预先制订的工作计划，完成本任务，并记录任务实施过程。</td></tr>
<tr><td>序号</td><td>完成的任务</td><td>遇到的问题</td><td>解决的办法</td></tr>
<tr><td></td><td></td><td></td><td></td></tr>
<tr><td></td><td></td><td></td><td></td></tr>
<tr><td></td><td></td><td></td><td></td></tr>
<tr><td></td><td></td><td></td><td></td></tr>
</table>

## 任务准备

### 一、知识准备

#### （一）解剖鸡的挑选

众所周知，并不是所有死亡鸡只都有剖检意义。剖检前，一定要在巡视鸡舍后，挑出有代表性的病鸡或死鸡，作为剖检的对象，有助于及时解决问题。例如挑选即将死亡或新死亡鸡只，或瘦弱、症状严重的鸡只。

能够简单看出死亡原因的鸡只，例如啄肛、脱肛等造成死亡，或者死亡时间超长，皮肤下发黑的鸡只，不作为剖检对象。

#### （二）解剖前的准备工作

剖检过程会造成病原微生物传播。因此，尽量在专业的解剖室进行。如无法配备专业解剖室，也要准备单独的解剖区域，以及密封袋（确保死鸡能够密封存放和运输）、隔离服或白大褂、解剖剪、一次性塑胶手套、水盆、水桶、消毒液等物品。另外，准备好笔和笔记本，做好剖检记录。

#### （三）解剖流程

将消毒液按照指定比例稀释后，放置在准备好的水桶里。活鸡采用断颈部或颈静脉放血的方式致死，断翅膀、折腿骨，将鸡体用消毒液浸湿（防止羽毛到处飞扬造成污染），采用仰面朝上放置不锈钢托盘中，以便更好地观察各个器官病变。

首先，用解剖剪在大腿和腹壁之间的皮肤上开 1~2 cm 长的小口，用两拇指扣住，大力从大腿方向鸡体两侧压迫至股骨外露出。然后提起腹部皮肤，用解剖剪横向切口，延长开口，向头部和泄殖腔两侧掀起皮肤。此时，可以顺便观察皮肤下胸部肌肉和腿部肌肉病变、嗉囊内部情况、免疫后疫苗炎症、气管外观、食管两侧胸腺病变情况。最后，在龙骨处向外延后 1~2 cm 处用解剖剪横切一切口，打开腹腔（此时注意力道，防止解剖剪对肠道和肝脏的损坏）。沿着切口边缘，切断肋骨，用力轻轻向前掀开（防止破坏气囊病变状态），让整个腹腔内部的器官充分暴露出来。

**（四）器官检查**

器官剖检检查流程遵循“从上到下，从外到里”的原则。另外，在腹腔内器官充分暴露时，切记不要粗拉硬拽、随意剪切破坏器官。检查时要按顺序快速观察各组织器官的颜色、大小等基本形态，便于结合临床症状及时判断主要病变的组织器官，有利于疾病诊断。

## 二、材料准备

（1）调查解剖的相关知识，包括解剖前的准备工作、解剖的流程及解剖后器官的观察。

（2）调查剖检的相关要求，包括需要的器械、对于人员的要求、对于实验室的要求等。

（3）收集其他情况，如查阅剖检时的注意事项、生物安全及剖检后鸡的处理等。

## 三、人员准备

人员分组，每组 5 人，明确职责分工（表 6-11）。

**表6-11 人员分工表**

| 任务角色 | 任务内容 |
|---|---|
| 组长： | 任务： |
| 组员 1： | 任务： |
| 组员 2： | 任务： |
| 组员 3： | 任务： |
| 组员 4： | 任务： |

## 任务筹划

**（一）内容筹划**

明确要调查的内容，明确需要的器械，明确各种注意事项和准备工作，明确剖检流程和检查项目。

**（二）方法筹划**

认真思考如何才能获取更有效的信息，通过哪些渠道获取信息资料，如何准备好相关的器械药品，如何保障生物安全。

**（三）流程筹划**

第一步：深入学习剖检的理论知识。

第二步：调查各种需要的物品。
第三步：安排好场地和人员及需要剖检的鸡，做好准备工作。
第四步：整合各种资料，进行操作。
第五步：记录结果。

## 任务实施

步骤一：

步骤二：

步骤三：

步骤四：

步骤五：

任务总结：

## 任务检测

请扫描二维码答题。

## 任务评价

根据任务完成情况，对展示成果做出评价（表 6–12）。

**表6–12　工作任务完成过程评价**

班级：＿＿＿＿＿＿＿＿　组别：＿＿＿＿＿＿＿＿　姓名：＿＿＿＿＿＿＿＿

| 项目 | 评分标准 | 分值 | 自我评价 | 小组评价 | 教师评价 |
|---|---|---|---|---|---|
| 内容评价 | 1. 体现剖检前的准备流程 | 10 | | | |
| | 2. 体现剖检的流程 | 10 | | | |
| | 3. 体现病死鸡剖检检查内容 | 10 | | | |
| 技能评价 | 1. 能够设计好流程 | 10 | | | |
| | 2. 能够科学安排流程 | 10 | | | |
| | 3. 能够对不同信息进行整合和分析 | 10 | | | |
| | 4. 能够形成完整的解剖流程图 | 20 | | | |

（续表）

| 项目 | 评分标准 | 分值 | 自我评价 | 小组评价 | 教师评价 |
|---|---|---|---|---|---|
| 思政评价 | 1. 体现科学精神 | 10 | | | |
| | 2. 体现生物安全意识 | 10 | | | |
| 合计 | | 100 | | | |
| 自我评价与总结 | | | | | |
| 教师点评 | | | | | |

## 课程思政专栏

### 青海省动物防疫工作取得显著成效

2021 年 6 月以来，按照“2021 动物防疫 · 蓝剑清源”执法行动安排部署，青海省各级农业综合行政执法监督机构主动作为，积极行动，采取措施，扎实认真开展病死畜禽无害化处理执法检查行动，取得阶段性成效，呈现出三个明显特点。

突出重点，明确目标。以养殖和屠宰企业、动物诊疗机构为检查对象，查看企业动物防疫相关资质，生产、养殖、无害化处理和运载工具清洗消毒等档案，无害化处理设施设备和清洗设施设备的运行状况，企业向当地动物卫生监督机构报告动物防疫和病死动物、检疫不合格动物、动物产品处理等情况，动物诊疗机构及所聘执业兽医资质，诊疗废弃物处置设施设备运行情况，处置记录等内容为重点检查内容，一个多月以来，全省共开展专项培训 15 次，会议安排 36 次，开展执法检查 306 次，出动执法人员 690 人次，检查养殖场、屠宰场 896 场次，养殖户 575 家，下达责令改正通知书 9 次。全省无害化处理病死动物 1.38 万头（只）、病死动物产品 5.4 t，处置灾后死亡牲畜 0.059 万头（只）。

联合行动，形成合力。各地通过与多部门联合执法，扎实开展专项检查，严查随意处置、买卖、屠宰、加工和经营病死动物和病害动物产品的违法行为。各地联合动物疫病控制中心、兽医站、市场监督管理局对冷库、超市、农贸市场等经营环节中动物产品“两证两章”的持证情况进行检查，对城乡接合部、交通道路周边以及江河、湖泊、水库等区域进行巡查。西宁市，海东市、海西蒙古族藏族自治州、果洛藏族自治州、海南藏族自治州、海北藏族自治州和黄南藏族自治州还分别与当地疾控中心、市场监管部门建立检打联动长效机制，同时加强与公安、交通运输市场监管等部门的执法衔接工作，建立违法案件信息共享、案情通报、案件移送等制度。此外，西宁市还通过完善监管记录、不定期巡查等方式增强企业责任意识。

海南藏族自治州通过建立日常监管机制，海西藏族自治州州通过畜禽养殖、屠宰、运输全链条专项执法行动，分别加大查处违法处置病死畜禽及其产品行为力度。黄南藏族自治州三县一市建设病死牲畜无害化处理点 7 个，无害化处理池 2 个，积极推进了无害化处理工作的开展。据统计，全省共检查冷库、超市和农贸市场 147 次，巡查 248 次，出动执法人员 1 285 人次，未发现违法违规处置病死畜禽违法行为。

广泛宣传，营造氛围。各地扎实开展宣传工作，利用专项执法检查进村、进户、进企业、进单位，认真宣传病死动物、病害动物产品无害化处理责任主体、处理机制和规范等法律知识，切实提高病死动物和病害动物产品对养殖业、人体健康和公共卫生安全危害的宣传，营造了依法饲养和屠宰动物、规范经营动物和动物产品的良好氛围。海北藏族自治州开展了“2021 动物检疫 · 蓝剑清源”系列执法宣传活动，采取散发彩页传单、抽纸、手提袋、纸杯、毛巾、脸盆等方式，宣讲了新修订的《中华人民共和国动物防疫法》以及动检方面的有关政策知识，引导群众主动做好病死牲畜无害化处理。海东市在宣传工作中有的放矢，对相关企业重点宣传《中华人民共和国动物防疫法》中关于病死动物和病害动物产品的无害化处理和法律责任等内容，提高相关单位和个人规范处理病死畜禽意识。玛多县地震后，果洛藏族自治州和当地执法大队迅速成立救灾小组，在救灾的同时，做好灾后动物无害化处理的宣传工作，发动当地群众查找因灾死亡动物，巡查扎陵湖、鄂陵湖和东格措纳湖，并及时进行无害化处理，筑牢人民身体健康安全防线。玉树藏族自治州向动物饲养、贩运、屠宰及动物产品加工制售的从业人员宣讲《中华人民共和国动物防疫法》《青海省畜禽屠宰管理条例》，引导相关从业人员提高守法意识。截至目前，青海省共开展宣传 265 次，出动执法人员 569 人次，发放《中华人民共和国动物防疫法》等宣传材料 2.6 万册（份），展出展板 56 块，悬挂横幅 18 条。

（来源：青海省农业农村厅）

**【启示】**严格执法，用法律的手段进行开展病死畜禽无害化处理，是全面依法治国的具体体现。依法治国就是依照宪法和法律来治理国家，是中国共产党领导人民治理国家的基本方略，是发展社会主义市场经济的客观需要，也是社会文明进步的显著标志，还是国家长治久安的必要保障。依法治国，建设社会主义法治国家，是人民当家作主的根本保证。

## 任务七　家禽传染病的防控

### 任务导入

我国是世界第一养禽大国，但还不是养禽强国。保障禽肉和蛋制品安全供给是重大的民生问题，确保养禽业安全生产是我国畜牧业高质量发展的长期重点工作。现在禽业的养殖越来越规模化、集约化、现代化、生态化，禽产品本身也越来越关注安全、健康、无残留，禽产品销售也讲究品牌、环保、特色，可以说养禽业的发展事关人民群众的安全、经济的发展和社会的稳定。虽然我国禽业呈现的大环境良好，但禽病防控面临的形势依然严峻，做好禽病综合防治工作至关重要。

某地新建了一家现代化养鸡场，目前家禽业面临比较大的疫病传播的风险，请制作一份宣传单，为该养殖场员工科普一下鸡主要传染病，并给出综合防控意见。

## 任务工单

班级：__________ 姓名：__________ 学号：__________

| 任务名称 | 鸡主要传染病宣传单制作 |
| --- | --- |
| 任务描述 | 根据实际情况，填写本任务的内容、目的、流程和方法。<br>任务内容：结合当地防疫要求，制作一份简洁有效的鸡主要传染病有关知识的宣传单。<br>任务目的：向该养殖场员工科普鸡主要传染病，并给出综合防控意见。<br>任务流程：首先搜集传染病相关信息，然后分析资料，最后制作科普宣传单。<br>任务方法：通过线上线下多种途径结合的方法进行资料的收集，并学习宣传单的制作。 |
| 获取信息 | 要完成任务，需要掌握相关的知识。请收集资料，回答以下问题。<br>1. 我国养禽业面临的疫病的风险包括哪些？<br><br>2. 鸡常见的疫病有哪些？<br><br>3. 如何有效防控家禽传染病的传播？ |
| 制订计划 | |

（续表）

| 任务实施 | 按照预先制订的工作计划，完成本任务，并记录任务实施过程。 | | | |
|---|---|---|---|---|
| | 序号 | 完成的任务 | 遇到的问题 | 解决的办法 |
| | | | | |
| | | | | |
| | | | | |
| | | | | |

## 任务准备

### 一、知识准备

#### （一）我国禽病防控面临的形势

1. 禽病种类多，混发感染严重，新发病日益增多禽病种类比较多，共分为三类。

一类动物疫病，有 2 种：高致病性禽流感、新城疫。

二类动物疫病，有 18 种：鸡传染性支气管炎、鸡传染性喉气管炎、传染性法氏囊病、马立克氏病、产蛋下降综合征、禽白血病、禽痘、鸭瘟、鸭病毒性肝炎、鸭浆膜炎、小鹅瘟、禽霍乱、鸡白痢、禽伤寒、鸡败血支原体感染、鸡球虫病、低致病性禽流感、禽网状内皮组织增殖症。

三类动物疫病，有 4 种：鸡病毒性关节炎、禽传染性脑脊髓炎、传染性鼻炎、禽结核病。

禽病的发生往往呈现混合感染，如应激（接种疫苗、转群控群、天气突变、邪风入侵等）易导致支原体、流感等发生；随着病程的发展，还会继发大肠杆菌和呼吸道疾病，进而造成混合感染，结果老病未除，新病又发。近年来出现了一些禽病的新发病、新变异毒株，如在全球多地暴发的新致病性 H5N8 禽流感病毒，新变异 H5N6 亚型禽流感病毒等。

2. 生物安全理念比较淡薄，禽病免疫不规范

虽然目前禽类养殖越来越规范化，但仍存在许多不足，如养殖场选址不合理、硬件设施未达标、多种类多批次混养、空舍消毒时间短、未能全进全出、无法做到无害化处理等。养殖场管理生物安全意识淡薄是导致疾病发生的重要因素。还有禽病免疫方面的因素，如免疫操作不规范、疫苗质量不合格、疫苗保管不善、疫苗稀释不当、疫苗稀释放置时间过长、免疫剂量不准、接种途径不对、免疫后不观察等都会造成免疫失败，达不到预防疾病的效果。

3. 活禽市场流通渠道多，监管存在难点

2019 年中山大学公共卫生学院陆家海教授团队联合广州市疾病预防控制中心、香港大学团队，开展了禽流感病毒在活禽供应链中传播风险的研究，研究表明禽流

感病毒传播风险呈现从养殖场到消费市场逐步递增的趋势。如禽流感病毒在活禽批发市场和零售市场的传播风险比活禽养殖场高 9.3 倍和 22.4 倍。可以说活禽市场是病毒的源头，是感染人和家禽的主要风险来源。2020 年 7 月，国务院联防联控机制领导小组决定在全国逐渐取消活禽市场，限制活禽交易和宰杀。但活禽市场的禁止不是一蹴而就的，市场监管相关工作费时费力，且不利于疫病防控，一旦暴发疫情，危害极为严重。

4. 野禽传染风险依然存在

野禽传播禽传染病的风险依然存在，近几年野禽传染禽流感的情况常有报道。野禽是禽病的传播来源之一，野禽传播疾病主要存在于野鸟的迁徙和野禽的养殖、贩运、捕杀、加工、售卖、食用等环节。从事非规模化和非规范化野禽养殖、贩卖、宰杀等工作的人群，因暴露于带毒禽类的机会更多，被感染的风险更高，从而危及公共卫生安全。为此，2020 年国家市场监管总局联合农业农村部、国家林业和草原局多部门下发《关于加强野生动物市场监管积极做好疫情防控工作的紧急通知》，要求各地林草、农业农村和市场监管部门依照《中华人民共和国野生动物保护法》的规定和职责分工，突出饲养、繁育、运输、出售、购买等环节，加强检验检疫力度。因此，我们要对野禽传播的疫病予以必要的重视和警惕，并采取有效的防范措施。

5. 国际疫情传入风险依然严峻

近年来，随着我国对外贸易的发展，动物产品进出口贸易也随之增加，外来动物疫病传入我国的风险不断提高。国际动物疫情传入的途径主要有从国外引进种禽、从国外进口动物及动物产品、从国外走私动物与动物产品、入境人员携带动物与动物产品、候鸟迁徙、边境互市等。外来动物疫病是导致我国动物疫病流行和暴发的重要外源性因素，关系到我国畜牧业和经济社会可持续发展。控制外来动物疫病的传入，保护我国畜牧业发展，维护公共卫生安全就显得尤为紧迫。

6. 疫苗及诊断试剂的研发跟不上病毒变异速度

在禽病防治方面，疫苗免疫和诊断试剂功不可没，但疫苗及诊断试剂的研发远跟不上病毒变异速度。例如禽流感病毒是由 8 个单链 RNA 组成的不稳定结构，在增殖的过程中很容易发生重组，使病毒的抗原性和致病性发生改变。而疫苗的研发过程却要经历临床前试验、临床试验、申报、生产上市等漫长程序，导致疫苗研发明显滞后于病毒变异速度。另外，我国禽病课题往往侧重于理论研究，而且理论研究滞后于生产实践的发展，对生产实践短时间内指导价值小，甚至一些禽病研究单纯注重分子水平上探索，应用水平研究较少。

7. 兽药滥用依然频繁

禽类养殖中兽药滥用的现象也是屡见不鲜。兽药滥用的发生往往是因为对疾病判断不正确、药物选择错误、剂量使用不当、药物使用方法错误、不科学的药物配比和随意组合等，导致家禽产生耐药性，威胁禽类产业的生存和发展，造成禽类养殖业萎缩，并且严重影响食品安全、威胁消费者的健康，甚至对生态环境造成直接或间接的影响。兽药滥用及其造成禽产品兽药残留问题不容忽视。

8. 疫病监测工作不严

疫病监测是禽类健康和禽产品安全的重要保障，是禽病防控工作的重要组成部分。疫病监测不仅可以及时掌握禽病发生、发展、流行的动态，而且可以对禽病重大疫病及时预警。在疫病监测过程中，往往因为监测队伍素质参差不齐、基础设施落后、监测模式不合理、兽医实验室效能发挥不充分、引进种禽和当地野禽监测不严、疫病监测重视度不够等种种原因，错过疫病的最佳防控时机，造成扩散、暴发。

**（二）禽病防控技术**

1. 加强禽舍及环境的消毒

根据疫病发生风险制定消毒方案，确定消毒范围和对象，尽可能选择消毒效果可靠、简便易行、对人畜安全、对环境污染小的消毒方法。对禽舍、运输车辆、用具等重点区域开展预防性消毒，圈舍可带畜禽每周消毒 3~4 次，每周至少消毒 2 次环境。一旦发生疫情，应增加消毒频率，并对消毒效果进行监测。

虫媒疫病易发区域，对养殖场及其周围环境喷洒杀虫剂。蚊蝇幼虫的滋生场所，要及时清除积水或填土覆盖，有大量蚊虫滋生的水坑或池塘，可使用控制蚊幼虫的杀虫剂。

养殖场应加强防鼠措施，及时修补破损围墙，使用高效灭鼠剂。投放毒饵后及时搜寻死鼠，集中深埋或焚烧。

2. 积极开展家禽主要疾病的监测

加强家禽主要疫病监测的密度和频率，重点监测疫源地和其他高风险区的家禽，对病死家禽采样送检，及时发现和排除疫情隐患。尤其要加强高致病性禽流感的监测，及时分析疫情发展态势，排除疫情隐患。

3. 认真做好主要禽病疫病的免疫

积极做好新城疫、H5 亚型禽流感、H9 亚型禽流感、传染性法氏囊、马立克氏病、传染性支气管炎等家禽主要疫病的免疫。根据免疫监测结果，对抗体水平低的家禽尽快开展补免和强化免疫工作，提升抗体水平，提高机体抵抗传染病的能力，减少或阻止传染病的发生，保障畜禽的健康。

4. 强化饲养管理

对禽舍周围环境及污物杂物及时进行清理消毒，尽快疏通家禽养殖场的排水通道，排除舍内的积水，修复加固破损畜舍，不能及时修复的，应尽快将家禽转移至干燥、安全地带。加强圈舍的通风换气，控制好舍内温湿度，及时清理粪便，保持良好的饲养环境。商品家禽达到上市标准的可尽快出栏，降低饲养密度。家禽用饲料应尽量现配现用，保持干燥、清洁。饲料贮存间要通风透气，防止饲料霉变，对于被淹饲料要及时处理。保证饮水清洁，必要时可选择效力强、毒性小、无残留的消毒剂进行饮水消毒。可通过增加家禽饲料中的维生素含量或添加微生态制剂来增强畜禽自身免疫力和抗应激能力。针对应激情况下容易发生的细菌性疫病可进行药物预防和保健。

5. 做好病死鸡的无害化处理

死亡家禽无害化处理不及时，病死家禽携带的病原微生物会四处扩散，容易引发家禽疫病的发生。因此，病死家禽应立即按《病死畜禽和病害畜禽产品无害化处理管理办法》及《病死及病害动物无害化处理技术规范》，将死亡家禽进行严格的无害化处理，优先选择焚烧、化制等工厂化方法进行无害化处理，不具备条件的地方可选择深埋处理。

家禽尸体在运输和处理过程中应遵循既防止病原扩散、又防止污染环境的原则，家禽尸体应装入密封袋，确保包裹严密，不渗出液体。运输车辆应密闭防渗，车辆和相关运输设施离开圈舍和掩埋点时应进行彻底清洗消毒。

## 二、材料准备

（1）调查相关的背景知识，调查我国养禽业疫病防控面临的问题，目前危害性较大的病有哪些？

（2）调查常见禽病的相关情况，查阅那些危害性较大的传染病的病源、流行特点、临床特征、诊断方法、防控手段等信息。

（3）收集其他情况，调查如何才能有效组织疫病防控，市面上常见的疫苗，当地主要防控的疾病。

## 三、人员准备

人员分组，每组 5 人，明确职责分工（表 6–13）。

**表6–13　人员分工表**

| 任务角色 | 任务内容 |
|---|---|
| 组长： | 任务： |
| 组员 1： | 任务： |
| 组员 2： | 任务： |
| 组员 3： | 任务： |
| 组员 4： | 任务： |

## 任务筹划

### （一）内容筹划

明确要调查的内容，明确要调查的疾病，明确要调查疾病的哪些信息。

### （二）方法筹划

认真思考如何才能获取更好的信息，通过哪些渠道获取信息资料，如何保障信息的准确性。

### （三）流程筹划

第一步：深入学习禽病的相关知识。

第二步：调查当地主要防控的疾病。

第三步：调查常见的防控措施。

第四步：整合各种资料，形成综合防控措施。

第五步：撰写材料进行科普宣传，给出合理建议。

## 任务实施

步骤一：

步骤二：

步骤三：

步骤四：

步骤五：

任务总结：

## 任务检测

请扫描二维码答题。

## 任务评价

根据任务完成情况，对展示成果做出评价（表 6–14）。

**表6–14　工作任务完成过程评价**

班级：＿＿＿＿＿＿＿＿　组别：＿＿＿＿＿＿＿＿　姓名：＿＿＿＿＿＿＿＿

| 项目 | 评分标准 | 分值 | 自我评价 | 小组评价 | 教师评价 |
|---|---|---|---|---|---|
| 内容评价 | 1. 体现我国禽病防控的背景 | 10 | | | |
| | 2. 体现常见的疫病 | 10 | | | |
| | 3. 体现常见免疫病防控的措施 | 10 | | | |

（续表）

| 项目 | 评分标准 | 分值 | 自我评价 | 小组评价 | 教师评价 |
|---|---|---|---|---|---|
| 技能评价 | 1. 能够识别常见的家禽传染病 | 10 | | | |
| | 2. 能够进行综合防控 | 10 | | | |
| | 3. 能够对不同信息进行整合和分析 | 10 | | | |
| | 4. 制作完善的宣传单能够进行科普宣传 | 20 | | | |
| 思政评价 | 1. 服务社会的精神 | 10 | | | |
| | 2. 严谨认真的工作态度 | 10 | | | |
| 合计 | | 100 | | | |
| 自我评价与总结 | | | | | |
| 教师点评 | | | | | |

## 课程思政专栏

### 海西州六项措施筑牢动物疫病免疫屏障

为做好全州秋季重大动物疫病防控工作，海西州采取六项措施强化集中免疫，筑牢动物疫病免疫屏障，维护养殖业发展安全，有力保障畜牧业高质量发展和公共卫生安全。

压实责任，高度重视动物疫病防控。秋冬季正值高致病性禽流感、口蹄疫等重大动物疫病高发季节。加之，候鸟长途迁徙、气温急剧下降，动物疫病发生和传播风险持续加大，重大动物疫病防控形势严峻、防控压力巨大。全州农牧系统提高思想认识，坚持底线思维，逐级压实防控责任，逐项明确各环节监管责任单位和职责分工，紧盯时间节点和关键措施，聚焦关键环节，制定出过硬举措，强化工作保障，科学有效推进动物防疫工作。

强化措施，扎实做好秋季集中免疫。根据《2023 年海西州动物疫病免疫实施方案》，制订辖区强制免疫计划，督促养殖场做好程序化免疫，指导养殖户落实好集中免疫和定期补免，网格化管理，强化措施保障，实现口蹄疫、高致病性禽流感等重大动物疫病“应免尽免”，确保群体免疫密度维持在 90% 以上，免疫抗体合格率保持在 70% 以上，同步做好普通动物疫病计划免疫。

坚持不懈，抓好常态化防控措施。紧盯养殖、屠宰等关键环节，严格落实非洲猪瘟等动物疫病常态化防控措施，落实现行有效措施，认真做好养殖环节非洲猪瘟排查监测工作，督促指导养殖场户全面落实疫病防控、闭环饲养、定期消毒等综合防疫制度，进一步提高生猪养殖场户的生物安全水平。同时，加强与林草等部门协作，开展重点湿地候鸟禽流感疫情的监测工作，坚持早动手、勤排查、真免疫、严监管，牢牢掌握主动权。

突出重点，推进动物疫病监测净化。聚焦高风险环节，持续强化监测排查，做好相关病种监测与流行病学调查工作，加强风险分析，科学预警预报，不断提升动物疫情预测预警能力，做好动物疫病净化场评估监测和秋季强制免疫效果评价工作。推动防疫由“免疫为主”向“疫病净化”转变，积极开展动物疫病净化工作。在集中免疫前开展“大清洗、大消毒”专项行动，全面净化养殖环境，有效降低疫病发生风险。

加强组织，规范动物卫生监管。严格落实动物检疫申报制度，规范检疫监管，提高产地检疫申报率，加强养殖、调运、屠宰加工、无害化处理等关键环节监管，建立病死畜禽无害化处理长效机制，落实相关从业人员动物防疫主体责任。规范运行管理，严格执行动物指定通道制度，“点对点”调运，全面推行调运后继续饲养牛羊附具布病检测报告等制度。严厉打击私屠滥宰、屠宰病死畜禽等违法行为。

提升技能，强化培训和应急管理。在集中免疫前，做好免疫技术和自身安全防护培训，确保免疫接种规范、安全、有效。加强突发动物疫情应急管理，强化应急队伍建设，充实应急物资储备，做好各项应急准备，加强与卫生健康、市场监管、交通运输、林业、公安等部门联防联控，密切沟通协作，合力推动人兽共患病、野生动物疫病等环节动物疫病的防控工作。

（来源：“海西农牧”微信公众号）

**【启示】**依法治国是发展社会主义市场经济的客观需要，是国家民主法治进步的重要标志，是建设中国特色社会主义文化的重要条件，是国家长治久安的重要保障。党领导人民制定宪法和法律，并在宪法和法律范围内活动。依法治国把坚持党的领导、发扬社会主义民主和严格依法办事统一起来，从制度和法律上保证党的基本路线和基本方针的贯彻实施，保证中国共产党始终发挥总揽全局、协调各方的领导核心作用。

## 任务八　家禽场废弃物的处理

### 任务导入

近年来，随着现代养殖业生产模式的转型升级，在提高畜禽产能和高密度集约化饲养的同时，规模化畜禽养殖场废弃物的无害化处理和高效利用问题引起了政府和环保部门的高度关注，这也是困扰畜禽养殖场健康养殖的难点、焦点问题。传统养殖将畜禽粪污当作肥料直接施入农田或林果地，此种方法简单、方便和有效，也有利于生态循环。然而当规模化畜禽养殖场产生大量粪污时，一时难以将其转移或售出，势必会造成粪污腐化和发酵，从而影响人体和畜禽健康，并造成环境污染，引发疫病。因此，有必要探索更加高效、生态和多元化的畜禽养殖场粪便、污水、垫料、病害动物死尸等废弃物无害化处理和减少环境污染的技术方法，从而为构建资源节约型、环境友好型的现代养殖业奠定基础。

近年来，国家不断出台政策，包括畜禽养殖业废弃物的环境管理、通过总量控制实现源头减排、推进农牧结合和畜牧业生产方式转变等，以促进畜牧业转型升级和实现绿色发展。为了全面推进畜禽粪污资源化利用，国务院办公厅印发了《关于加快推进畜禽养殖废弃物资源化利用的意见》，国家发展改革委和农业农村部出台相关行动方案，系统构建了养殖废弃物无害化处理制度体系和政策框架。

某地新建了一家现代化养鸡场，请设计一份思维导图帮助该养殖场合理合法地进行废弃物的处理。

## 任务工单

班级：________ 姓名：________ 学号：________

| 任务名称 | 禽场废弃物处理思维导图 |
| --- | --- |
| 任务描述 | 根据实际情况，填写本任务的内容、目的、流程和方法。<br>任务内容：制作一份思维导图，指导养殖场进行废弃物处理。<br>任务目的：帮助该养殖场合理合法地进行废弃物的处理。<br>任务流程：首先搜集畜禽废弃物处理的相关法律规定及方法，其次整合资料进行分析，最后设计思维导图。<br>任务方法：通过线上线下多种途径结合的方法进行资料的收集，并学习调查报告的撰写。 |
| 获取信息 | 要完成任务，需要掌握相关的知识。请收集资料，回答以下问题。<br>1. 家禽场废弃物的种类有哪些？<br>2. 孵化废弃物如何管理？<br>3. 如何处理禽粪？<br>4. 如何处理污水？ |

（续表）

<table>
<tr><td>制订计划</td><td colspan="4"></td></tr>
<tr><td rowspan="6">任务实施</td><td colspan="4">按照预先制订的工作计划，完成本任务，并记录任务实施过程。</td></tr>
<tr><td>序号</td><td>完成的任务</td><td>遇到的问题</td><td>解决办法</td></tr>
<tr><td></td><td></td><td></td><td></td></tr>
<tr><td></td><td></td><td></td><td></td></tr>
<tr><td></td><td></td><td></td><td></td></tr>
<tr><td></td><td></td><td></td><td></td></tr>
</table>

## 任务准备

### 一、知识准备

#### （一）相关法律规定

1.《中华人民共和国环境保护法》

《中华人民共和国环境保护法》自 2015 年 1 月 1 日起施行。规定从事畜禽养殖的单位和个人应当采取措施，对畜禽粪便、尸体和污水等废弃物进行科学处置，防止污染环境。

2.《中华人民共和国固体废物污染环境防治法》

《中华人民共和国固体废物污染环境防治法》自 2020 年 9 月 1 日起施行。规定从事畜禽规模养殖应当及时收集、储存、利用或者处置养殖过程中产生的畜禽粪污等固体废物，避免造成环境污染。从事畜禽规模养殖未及时收集、贮存、利用或者处理养殖过程中产生的畜禽粪污等固体废物的，由生态环境主管部门责令改正，可以处 10 万元以下的罚款；情节严重的，报经有批准权的人民政府批准，责令停业或者关闭。

3.《中华人民共和国畜牧法》

《中华人民共和国畜牧法》自 2023 年 3 月 1 日起施行。规定畜禽养殖场应当建立养殖档案，载明畜禽发病、死亡和无害化处理情况，以及畜禽粪污收集、储存、无害化处理和资源化利用情况。从事畜禽养殖，不得随意弃置和处理病死畜禽。畜禽养殖场应当保证畜禽粪污无害化处理和资源化利用设施的正常运转，保证畜禽粪污综合利用或者达标排放，防止污染环境。违法排放或者因管理不当污染环境的，应当排除危害，依法赔偿损失。国家支持建设畜禽粪污收集、储存、粪污无害化处理和资源化利用设施，推行畜禽粪污养分平衡管理，促进农用有机肥利用和种养结合发展。

4.《中华人民共和国动物防疫法》

《中华人民共和国动物防疫法》自 2021 年 5 月 1 日起施行。规定从事动物饲养、屠宰、经营、隔离、运输以及动物产品生产、经营、加工、贮藏等活动的单位和个人，依照本法和国务院农业农村主管部门的规定，做好免疫、消毒、检测、隔离、净化、消灭、无害化处理等动物防疫工作，承担动物防疫相关责任。未按照规定处理或者随意弃置病死动物、病害动物产品的，由县级以上地方人民政府农业农村主管部门责令改正，处 3 000 元以上 3 万元以下罚款；情节严重的，责令停业整顿，并处 3 万元以上 10 万元以下罚款。

5.《畜禽规模养殖污染防治条例》

《畜禽规模养殖污染防治条例》自 2014 年 1 月 1 日起施行。排放畜禽养殖废弃物不符合国家或者地方规定的污染物排放标准或者总量控制指标，或者未经无害化处理直接向环境排放畜禽养殖废弃物的，由县级以上地方人民政府环境保护主管部门责令限期治理，可以处 5 万元以下的罚款。县级以上地方人民政府环境保护主管部门作出限期治理决定后，应当会同同级人民政府农牧等有关部门对整改措施的落实情况及时进行核查，并向社会公布核查结果。

6.《动物防疫条件审查办法》

《动物防疫条件审查办法》自 2022 年 12 月 1 日起施行。动物饲养场应当配备符合国家规定的病死动物和病害动物产品无害化处理设施设备或者冷藏冷冻等暂存设施设备。

**（二）畜禽养殖粪污资源化利用技术**

1. 沤肥技术

也称为堆沤技术，将禽粪污、秸秆等有机废弃物混合后集中堆放，物料含水率宜为 45%~65%（物料混合好后，用手攥紧有水从指缝渗出，抛落在上时，自然裂成大块），堆成条垛式，表面铺设一层秸秆、腐熟料、塑料膜或土壤等遮盖物，堆沤时间一般不少于 90 d。常见堆沤设施为半开放式堆沤池，一般设置在养殖场户内，必须具有防雨、防渗、防漏等功能。

2.（覆膜）堆肥技术

将物料堆制成长条形堆垛，通过人工翻堆、专用翻堆机或翻斗车进行机械供氧的好氧发酵过程，也可以在堆体表面覆盖一层专用分子膜，使其形成一个密闭环境，减少污染气体排放，并在堆体底部通过曝气管道供给氧气，促进物料快速腐熟。条垛式堆肥翻堆频率为每周 3~5 次，整个发酵过程需要 30~60 d。

3. 贮存发酵技术

将畜禽养殖粪、尿、外漏饮水、冲洗水及少量散落饲料等的混合物全量集中收集（液态粪污）或将粪污固液分离后的液体，在敞口、封闭或半封闭贮存条件下伴随好氧、兼氧或厌氧发酵的过程。常见的有舍内深坑、氧化塘、密闭罐或覆膜塘（如黑膜厌氧塘）等。粪污在氧化塘或深坑中贮存发酵的时间总和不少于 6 个月，在封闭贮存设施中贮存发酵的时间不少于 3 个月。加入微生物菌剂发酵后作为基肥使用时，可适当缩短贮存期。

4. 厌氧发酵技术

厌氧发酵是将备禽养殖粪污，经过除杂、调质等预处理后，置于密闭设施中在厌氧微生物作用下进行稳定化、无害化处理，所产生沼气作为能源，沼液和沼渣作为肥料。规模以下养殖场粪污厌氧发酵的总固体浓度以不超过 8% 为宜，推荐采用常温（环境温度）和中温发酵（36 ℃左右）；常温发酵周期（水力停留时间）不少于 8 周、中温发酵周期不低于 3 周，可通过发酵设施保温和加温（如太阳能加温）保证发酵温度稳定。

5. 臭气减控技术

养殖过程中多个环节都有臭气产生，减少和控制臭气主要从动物饲料、圈舍环境、清粪方式和粪污收集处理等方面综合治理，通过快速清理粪污、全量密封存贮来减少臭气外溢；喷洒抑臭微生物菌剂、降低舍内环境臭气浓度；固体粪污快速进入好氧堆肥状态，形成腐熟堆肥，抑制臭气产生；液体粪污经过深度厌氧发酵过程，形成腐熟粪水，减少臭气排放。

6. 畜禽配套消纳用地标准

以土壤氮素计算，粪肥利用比例 50%、当季利用率为 25% 时，大田作物（小麦、玉米等）“固体粪污堆肥外供 + 肥水就地利用”的平均每头猪当量配套消纳用地 0.43 亩，其他备种折算成猪当量进行计算分别为奶牛 2.8 亩 / 头，肉牛 1.43 亩 / 头，肉羊 0.172 亩 / 只，家禽 0.017 2 亩 / 羽。畜禽粪肥施用于经济作物（蔬菜、果树等）的，可适当提高粪肥施用量。

## 二、材料准备

（1）调查相关的法律知识，调查我国对于养殖场废弃物管理的相关法律法规。

（2）调查常见的废弃物的处理方式，查阅各个养殖场是如何有效进行废弃物的处理，如何利用这些废弃物。

（3）收集其他情况，调查养殖场废弃物处理的相关设施及机械设备。

## 三、人员准备

人员分组，每组 5 人，明确职责分工（表 6–15）。

**表6–15　人员分工表**

| 任务角色 | 任务内容 |
| --- | --- |
| 组长： | 任务： |
| 组员 1： | 任务： |
| 组员 2： | 任务： |
| 组员 3： | 任务： |
| 组员 4： | 任务： |

## 任务筹划

**（一）内容筹划**

明确要调查的法律法规，明确要调查的场区，明确调查项目。

**（二）方法筹划**

认真思考如何才能获取更好的信息，通过哪些渠道获取信息资料，如何保障信息的准确性。

**（三）流程筹划**

第一步：深入学习废弃物处理的相关法律文件。

第二步：调查当地废弃物处理的方法。

第三步：学习相关的技术。

第四步：整合各种资料，形成综合处理措施。

第五步：撰写技术指导手册。

## 任务实施

步骤一：

步骤二：

步骤三：

步骤四：

步骤五：

任务总结：

## 任务检测

请扫描二维码答题。

## 任务评价

根据任务完成情况，对展示成果做出评价（表 6-16）。

**表6-16　工作任务完成过程评价**

班级:______________　组别:______________　姓名:______________

| 项目 | 评分标准 | 分值 | 自我评价 | 小组评价 | 教师评价 |
|---|---|---|---|---|---|
| 内容评价 | 1. 体现我国养殖场废弃物处理的规定 | 10 | | | |
| | 2. 体现废弃物处理的流程 | 10 | | | |
| | 3. 展示废弃物处理的方法措施 | 10 | | | |
| 技能评价 | 1. 能够依法处理废弃物 | 10 | | | |
| | 2. 能够利用废弃物 | 10 | | | |
| | 3. 能够对不同信息进行整合和分析 | 10 | | | |
| | 4. 能够进行技术指导 | 20 | | | |
| 思政评价 | 1. 具备法治精神 | 10 | | | |
| | 2. 具备勤勉奋进的工作态度 | 10 | | | |
| 合计 | | 100 | | | |
| 自我评价与总结 | | | | | |
| 教师点评 | | | | | |

## 课程思政专栏

### 家禽场废弃物的处理

青海省人大常委会委员、九三学社青海省委员会专职副主委朱春云在青海省“两会”上提出，随着青海省农业产出的稳步增长，如何合理处置农业废弃物的问题也日渐凸显。总体来看，全省农业废弃物资源化利用率较低，农业生产过程中产生的大量有机废弃物并未得到有效利用，面临着农业废弃物排放量增大、环境污染日益严重等问题。其一，青海省作为全国五大草地畜牧业基地之一，畜禽规模养殖废弃物产生量大，年畜粪总量达 413.8 万 t。畜禽粪污经厌氧条件下产生二氧化碳和甲烷等气体会导致全球变暖和大气污染等问题，同时，氮磷等营养元素进入水体和土壤中也会导致水体富营养化和环境污染，粪污污染物中还含有包括病原菌和寄生虫在内的多种病原微生物，对人类和动物健康具有严重的危害。其二，青海省东部农业区以种植小麦、玉米、油菜、马铃薯等为主，产生的农业废弃物以秸秆、农用地膜和农药包装废弃物为主。农作物秸秆的产出量大但利用率很低，农民一般都采用焚烧的方式来处理农作物秸秆，不仅对空气质量造成严重危害，并威胁人的身体健康，还易引起火灾。同时，秸秆焚烧也会破坏土壤结构以及土地的抗旱能力和保湿能力。农业生产中的塑料地膜属于高分子化合物，极难降解，残留地膜若得不到及时回收，不仅破坏土壤结构，还会降低土壤的肥力水平，对农业可持续发展构成严重威胁。农药包装废弃物数量大、较分散、难收集，不仅会威胁人畜生命安全、破坏城乡生活环境、造成资源浪费，还可能会通过土壤、水系等破坏农业生态系统的质量和稳定性。

为实现“生态立省、生态强省”的战略定位，青海省农业废弃物的处理与利用问题必须得到有效解决。她建议：加强顶层设计，广泛开展调研，尽快出台符合省情实际的《农业废弃物处理与利用办法》，保证青海省全面实现农业废弃物的合理处置与再循环利用。

（来源：“青海九三学社”微信公众号）

**【启示】**坚持生态保护第一，聚焦青藏高原生态保护的主要矛盾、特殊问题、突出特点，统筹推进山水林田湖草沙冰综合治理、系统治理、源头治理，为青藏高原生态保护和可持续发展提供法治保障。《中华人民共和国青藏高原生态保护法》的制定实施，对加强青藏高原生态保护，建设国家生态文明高地，促进经济社会可持续发展，实现人与自然和谐共生，具有重要意义。

# 参考文献


艾文森，1999. 蛋鸡生产［M］. 3 版 . 北京：中国农业出版社 .

丁国志，张绍秋，2007. 家禽生产技术［M］. 北京：中国农业大学出版社 .

侯水生，2019. 2018 年度水禽产业发展现状、未来发展趋势与建议［J］. 中国畜牧杂志，55（3）：124–128.

吉俊玲，张玲，2012. 养禽与禽病防治［M］. 北京：中国农业出版社 .

金香淑，张云影，2010. 肉鸡生产技术 .［M］. 北京：吉林出版集团 .

李东，1995. 高效肉鸡生产技术［M］. 北京：中国农业科技出版社 .

李玉冰，曹授俊，2007. 肉鸡生产技术养殖［M］. 北京：中国农业大学出版社 .

刘洪云，1992. 家禽生产综合配套技术［M］. 北京：中国农业科技出版社 .

罗安治，1993. 畜禽生产新技术［M］. 成都：成都科技大学出版社 .

谭筱弘，冯方利，杨晓天，等，2024. 家禽现代生态养殖技术要点［J］. 现代畜牧科技，104（1）：61–63.

王恬，陈桂银，2002. 畜禽生产［M］. 北京：高等教育出版社 .

王小芬，石浪涛，2012. 养禽与禽病防治［M］. 北京：中国农业大学出版社 .

魏忠义，1999. 家禽生产学［M］. 北京：中国农业出版社 .

谢成侠，1995. 中国养禽史［M］. 北京：中国农业出版社 .

谢献胜，2013. 水禽高效生产技术［M］. 北京：中国农业出版社 .

徐英，李石友，2015. 家禽生产技术［M］. 北京：化学工业出版社 .

闫民朝，王申锋，2013. 养禽与禽病防治［M］. 北京：中国农业大学出版社 .

杨慧芳，2006. 养禽与禽病防治［M］. 北京：中国农业出版社 .

杨山，1995. 家禽生产学［M］. 北京：中国农业出版社 .

尹兆正，2002. 优质土鸡养殖技术［M］. 北京：中国农业大学出版社 .

张秀美，2005. 禽病防治完全手册［M］. 北京：中国农业出版社 .

赵聘，潘琦，2007. 畜禽生产技术［M］. 北京：中国农业大学出版社 .

赵云焕，赵聘，陈培荣，2009.《家禽生产技术》课程改革的实践与探索［J］. 畜牧与饲料科学，30（2）：74–76.

中华人民共和国农业部，2004. 肉鸡生产性能测定技术规范：NY/T 828–2004［S］.

北京：中国畜牧协会禽业分会.
周大薇，2014. 养禽与禽病防治［M］. 成都：西南交通大学出版社.
周蛟，2005. 我国禽病的现状、流行趋势及防治策略［J］. 中国动物保健，(6)：13-14.